리센코의 망령

LYSENKO'S GHOST

리센코의
망령

소비에트 유전학의 굴곡진 역사

Lysenko's Ghost

Loren Graham

로렌 그레이엄 지음
이종식 옮김

동아시아

추천의 말

시베리아의 여우 농장에서 시작해 소비에트 인간형 창조를 위한 유전학과 우생학 논쟁을 거쳐, 리센코의 성공과 몰락, 냉정한 평가에 도달하는 여정을 긴장감 넘치는 문체로 펼쳐낸다. 유전학, 우생학과 사회주의의 복잡하고 역동적인 관계를 알고 싶은 독자에게 권한다. 특히 획득형질은 유전되지 않는다고 알고 있다면 꼭 읽어야 한다.

_염운옥(경희대 글로컬역사문화연구소 학술연구교수, 『낙인찍힌 몸』 저자)

리센코 또는 리센코주의라는 이름은 오늘날에는 "과학과 정치의 잘못된 만남"의 대표적 사례로 간혹 언급될 뿐이다. 하지만 좋은 역사가라면 하나의 역사적 사건이 얼마나 기묘하거나 예외적인 일이었는지 강조하는 것을 넘어서, 그 시대의 맥락 안에서 인물과 사건을 설명할 수 있어야 한다. 이 책은 그것을 시도했고, 리센코를 해외 토픽이나 "세상에 이런 일이"의 세계에서 과학과 과학사의 세계로 다시 데려왔다.

_김태호(전북대학교 한국과학문명학연구소 교수, 『오답이라는 해답』 저자)

'리센코주의' 논쟁으로 소련 생물학계에서 벌어졌던 일련의 사태는 최근까지도 스탈린주의 시대 유사과학과 그로 인한 한 학문 분과의 괴멸에 가까운 퇴보로 기억되어 왔다. 후성유전학 분야의 발전을 계기로 스탈린 시대에 대한 향수를 가진 일부 학자들이 트로핌 리센코를 복권시키려 하지만, 저자는 엄밀한 과학사가로서 러시아 유전학의 전통, 리센코주의 논쟁의 역사, 그리고 현대 후성유전학과 리센코주의 이론 간의 괴리를 치밀하게 서술함으로써, 리센코와 리센코주의는 과학적 이론으로서 정립될 수 없으며, 이를 둘러싼 여러 현상들이 매우 위험하다는 점을 분명히 하고 있다.

_김동혁(광주과학기술원 기초교육학부 교수, 러시아사/기술사 전문가)

20세기 과학사에서 가장 악명 높고 중요하지만, 가장 덜 알려진 사건에 대한 안내서. 그레이엄은 이 분야 최고의 전문가이다.

_에드워드 O. 윌슨(하버드대학교 교수, 『사회생물학』, 『통섭』저자)

시의적절하고 중요한 그레이엄의 이 책은 유전에 관한 주류 담론과 배치된 모든 것을 리센코주의로 치부해 버리는 태도에 경종을 울린다.

_마우리치오 멜로니, 《사이언스》

그레이엄에 따르면, 리센코가 성공을 거둘 수 있었던 일련의 배경에는 소련 우생학 운동도 포함되어 있다. 따라서 이 길지 않은 책은 과학적 탐구의 진실성을 위협하는 두 가지 종류의 위협을 다룬다. 즉, 과학계 외부로부터의 제도적인 간섭과 내부에서의 정치적 감염이 그것이다. 특히 후자의 위협은 오늘날에도 여전히 존재하고 있다. … 소련의 리센코주의와 우생학에 관한 그레이엄의 연구는 과학의 건전성을 위협하는 요소들에 관해 중대한 교훈을 우리에게 주고 있는 것이다.

_니콜라스 웨이드, 《월스트리트저널》

『리센코의 망령』의 핵심은 온갖 종류의 정치, 종교, 문화적 규범, 이데올로기가 과학을 왜곡시키는 방식들이다. 이런 이데올로기들은 사실에 관한 우리의 해석을 변형시키며, 자연적인 현상에 관한 우리의 이해를 새롭게 구성한다.

_매기 코스-베이커, 《테크놀로지 리뷰》

이 책은 특히 러시아와 리센코주의를 중심으로, 후성유전학이라는 새롭게 등장하고 있는 분야의 여러 쟁점과 그것이 획득형질의 유전을 둘러싼 유서 깊은 논쟁에 미치는 영향에 대해 새로우면서도 유의미한 통찰을 제공한다. 그레이엄은 방대한 관련 자료를 완벽하게 다루고 있으며, 그 많은 자료들을 섭렵한 극소수의 연구자 중 한 명이다.

_에버렛 멘델슨(하버드대학교 과학사학과)

메그와 커트에게

"리센코는 옳았다.

문제는 그가 동료들의 고통과 죽음에 책임이 있는 범죄자라는 점이다."

—V. S.바라노프(V. S. Baranov),

러시아 상트페테르부르크 의학과학아카데미,

저자와의 인터뷰,

2014년 6월 20일

차 례

한국 독자들에게 보내는 편지

『리센코의 망령』이 한국에서 역간된다는 소식을 들으니 기쁩니다. 나는 한국에 뿌리 깊은 학문적 전통이 있다는 점을 잘 알고 있으며, 이 책이 획득 형질 유전설 및 이 학설과 후성유전학의 관계를 둘러싸고 한국을 비롯한 세계 각국의 생물학계에서 여전히 진행 중인 논쟁을 이해하는 데에 도움이 되었으면 합니다. 나는 이러한 논쟁의 과정에서 리센코의 견해가 어떤 중요한 역할을 수행하는 것이 불행한 일이 되리라 생각합니다. 이 책을 통해 내가 왜 그렇게 생각하게 되었는지 독자들에게 설득력 있게 전달할 수 있기를 희망합니다. 다시 한번 이 책에 관심을 가져주신 친애하는 한국의 모든 독자분께 따뜻한 감사의 마음을 전합니다.

로렌 그레이엄

2021년 9월
매사추세츠 케임브리지

서론

최근 유전학계에서 발생한 일련의 사건들은 러시아 안팎에서 다시
한번 소련 농학자 트로핌 리센코$^{Trofim\ Lysenko}$(1898~1976)의 과학적
중요성을 둘러싼 논쟁을 촉발시켰다. 20세기의 가장 악명 높은 과학
자 중 한 명인 리센코는 획득 형질의 유전(한 유기체가 일생 동안 획득
한 특성이 그 후손들에게 전해질 수 있다는 가설)을 믿었고, 이 원리를 농
작물과 가축의 재배 및 사육에 적용하고자 했다. 리센코는 1930년
대 중반부터 차츰 영향력을 강화해 갔으며, 1948년에는 다름 아닌
이오시프 스탈린$^{Joseph\ Stalin}$의 승인하에 러시아 생물학계를 석권할 수
있었다.

　　그러나 그의 몰락은 그의 부상浮上만큼이나 극적이었다. 1965
년 러시아 유전학자들은 그가 소련 농업에 지대한 피해를 초래한 사

기꾼이라고 비난했다. 그뿐 아니라 이들은 소련 최고의 유전학자 다수의 옥고와 사망에 리센코의 책임이 있다고 주장했다. 얼마 안 가 '리센코주의'는 러시아뿐만 아니라 전 세계에서 유사과학pseudoscience과 동의어로 간주되었다.[1]

리센코를 가짜 과학자로 보는 관점은 21세기가 되기까지 수십 년 동안 흔들림 없이 유지되었다. 그러나 최근 후성유전학epigenetics이라는 새로운 과학의 등장과 더불어 리센코의 유산을 재평가해야 한다는 목소리가 고조되고 있다. 후성유전학은 20세기 초 유전학이 등장할 때 확립된 도그마, 즉 유전정보가 유전자의 DNA 염기서열 내부에 독점적으로 보전되며, 유기체가 일생 동안 경험한 사건들은 이 염기서열에 변화를 가할 수 없으므로 유전과 무관하다는 원칙을 의문에 부쳤다. 분자 수준에서 DNA에 가해지는 어떠한 변형(특정한 화학기chemical groups, 化學基와의 결합 등)이 염기서열에 영향을 미치지는 않지만 유전자 스위치를 '온on' 혹은 '오프off'함으로써 유전자 활성에 심대한 영향을 미칠 수 있다는 사실이 후성유전학을 통해 발견된 것이다. 이러한 변형은 환경에 의해 유도될 수 있으며, 경우에 따라 후대에 전달될 수도 있다. 요컨대 획득 형질은 실제로 유전될 수 있는 것처럼 보인다.

현재 전 세계 과학계는 유전을 둘러싼 새로운 발견에 대해 열띤 논의를 펼치고 있다. 일부 열정적인 과학자들은 유전에 관한 우리의 개념에 일대 '혁명'이 일어났다고 이야기한다.[2] 그보다 냉철한 비평가들은 유전 과정에서 후성유전적 현상이 얼마나 광범위하게 일어

나는지, 그것이 얼마나 중요하며 또 어떻게 작동하는지 여전히 많은 부분이 밝혀지지 않았다는 점을 지적한다.[3] 후성유전학은 대단히 논쟁적인 주제이며 이를 둘러싸고 전문가들의 견해 또한 크게 갈린다. 그러나 현재 러시아에서 후성유전학과 관련된 논쟁은 다른 국가들과는 다소 다른 양상을 보이고 있다. '리센코 사건the Lysenko affair'이라는 역사로 인해 그 논의가 훨씬 더 첨예하게 정치적인 방향으로 흘러가고 있는 것이다. 최근 러시아에서는 "리센코가 옳았다!", "리센코의 견해가 새로운 과학에 의해 증명되었다!" 등의 표제가 붙은 글들이 간행되고 있는데, 저자 중 몇몇은 스스로가 스탈린주의자 또는 구소련에 향수를 느끼는 사람이라고 밝히고 있다. 이러한 사례들은 러시아에서의 후성유전학 논쟁이 갖는 정치적인 요소를 선명하게 보여준다고 할 수 있겠다.

　이 책은 다음과 같은 세 가지 주제를 중심으로 최근 러시아 유전학계에서 나타난 일련의 사건들을 탐구한다. 첫 번째는 획득 형질의 유전이란 무엇이며, 그것이 각종 정치사상들과 어떠한 관계를 맺어왔는가이다. 두 번째로 후성유전학이라는 분야에 대해 살펴보고, 그것이 획득 형질의 유전에 대한 우리의 생각을 어떻게 변화시키고 있는지 분석할 것이다. 세 번째로 획득 형질의 유전이라는 이론과 관련하여 특수한 역사를 간직하고 있는 러시아에서 후성유전학이 어떤 영향력을 갖는지 다루어 볼 것이다. 아마도 어떤 사람은 한 권의 책에서 이러한 세 가지 주제가 서로 적절하게 연결될 수 있을지 의아해할 것이다. 그러나 이 세 주제는 서로 긴밀히 얽혀 영향을 주고받아왔으므로, 반드시 셋 모두를 포괄적으로 이해해야 한다는 것이 나의 생각이다.

이 책은 리센코의 등장과 몰락의 역사에 관한 책이 아니다. 이는 이미 다른 책에서 상세하게 다루어졌다.[4] 대신 여기서는 유전에 관한 서방 학계의 인식의 변화 과정을 정리한 후, 오늘날 러시아에서 후성유전학과 리센코가 어떻게 연결되고 있는지를 분석하고자 한다. 또한 후성유전학의 발달에 비추어 보았을 때, "리센코가 결국 옳았는가"라는 질문을 직접적으로 다루어 볼 것이다. 나는 50년 이상 '리센코 현상the Lysenko phenomenon'을 직간접적으로 연구해 왔고, 그를 직접 만나 그의 연구에 대해 이야기를 나누어 본 경험이 있다. 이러한 경력을 가진 비非러시아인 학자들 가운데 아직 살아 있는 몇 안

트로핌 리센코.

되는 사람들 중 한 명으로서, 나는 리센코에 대한 나의 연구와 현재까지 밝혀진 유전학 및 후성유전학에 대한 지식을 바탕으로 이러한 분석을 수행하고자 한다.

이 책을 쓰는 것은 과학사학자인 나로서는 유익하면서도 다소 당황스러운, 이례적인 경험이었다. 지난날 연구를 수행할 때, 과학사학자의 적절한 역할에 대한 나의 생각은 대부분의 동료 과학사학자들의 의견과 동일했다. 과학사학자들 사이의 공통된 인식은 자신들의 과제가 과학을 평가하는 것은 아니라는 것이다. 그러한 임무는 과학자 본인들에게 맡겨져야 한다. 많은 사람이 주장하듯 과학사학자의 적절한 역할은 과학이 발전하는 사회적 맥락을 그려내고 분석하는 것이다. 다시 말해 과학자들에 의해 표명된 견해들이 어떻게 그들 시대의 사회적·정치적·이데올로기적 환경과 연결될 수 있는지를 조명하는 것이다. 과학사학자들은 종종 '진리'라는 개념을 사용하기를 기피한다. 우리는 결코 절대적인 의미의 진리를 소유할 수 없다는 것을 알고 있으며, 또 어느 한 시점에서 '진리'라고 불릴 수 있는 것이 추후 다르게 정의된 '진리'에 의해 대체될 가능성이 높다는 점을 깨달았기 때문이다.

그뿐 아니라 '진리'와 '리센코'라는 말들은 모두 상이한 시대의 상이한 역사적 행위자에게 상이한 의미를 지닌 두껍고 다차원적인 용어이다. 어떤 사람에게 '진리'란 하나의 특정한 인식론적 의미를 갖는 반면, 다른 누군가에게는 그저 상대적인 말에 지나지 않을 것이다. 어떤 사람에게 '리센코'란 리센코가 지지했던 하나의 특정한 유전학 이론을 의미할 것이며, 다른 누군가에게 그 이름은 과학에 대한 정치의 개입 그 이상도 그 이하도 아닐 것이다. 이러한 복잡성으로 인해 몇몇 사람은 리센코가 주장한 바에 대한 진실성 여부, 다시 말해 "결국 리센코가 옳았는가?"를 따져 묻는 것이 처음부터 잘못된 문제제기라고 생각할지도 모르겠다.

과학사의 표준적인 틀 안에서 러시아 유전학의 최근의 동태에 관한 역사를 쓰는 일은 아마도 내게 너무나도 쉬운 일이었을 것이다. 우선 소비에트 시대에 리센코의 이론이 농업의 위기, 이념적 호전성, 정치적 압력, 중앙집권적 통제, 불완전한 유전적 지식 등의 맥락 속에서 어떻게 발전할 수 있었는지를 기술했을 것이다. 이어서 점차 증가하고 있는 소비에트 시절에 대한 향수, 정치적인 압력과 민족주의적 압력의 새로운 결합, 반서구주의의 강화라는 조건 속에서 어떻게 새로운 버전의 리센코주의가 푸틴 치하의 러시아에서 대두되고 있는지 추적했을 것이다. 아마 후성유전학이라는 새로운 분야로 인해 리센코주의가 일부나마 참인 것으로 판명되었다는 견해 그 자체를 직접적으로 의문에 부치지는 않았을 확률이 높다. 나는 다만 설명할 뿐, 판단하지 않을 것이므로.

이런 방법을 취하는 것도 분명히 유익할 것이다. 그러나 과연 그것이 적절한가? 충분하다고 할 수 있을까? 만약 내가 이와 같이 역사를 다루는 방식에 제약을 두었다면, 나는 서로 다른 맥락에서 상이한 결과가 나온다는 것(이것이야말로 과학사학자들이 보여주고자 하는 전부이다)을 드러내면서, 완전한 상대주의로 경도되어 갔을 것이다. 오랜 고민과 고뇌 끝에 나는 그러한 결론에 만족할 수 없다는 점을 깨달았다. 내가 보기에 리센코가 결국 '옳았는가'라는 문제를 회피하는 것은 불가능하다. 이 문제에 답하지 않으면 안 된다. 나는 과학사학자로서의 나의 본분과 리센코에 대한 근래의 논점들을 평가하고 싶다는 나의 욕망 사이의 긴장을 있는 그대로 대면하기로 했다.

이 책을 통해 분석과 평가 사이의 이러한 긴장이 적어도 어떤 경우에는 파괴적이기보다는 생산적일 수 있다는 점을 보여줄 수 있었으면 한다. 우리는 결코 절대적 진리를 파악할 수 없다. 그럼에도 우리는 분명 자연에 대해 어느 정도 입증 가능한 견해들을 파악할 수 있다. 언제나 우리는 자연에 대한 더 정당한 견해와 덜 정당한 견해를 구별하려고 노력할 수 있으며, 이는 실로 우리의 의무라고 할 수 있을 것이다. 동시에 우리는 그러한 구별이 후대에 수정될 수도 있다는 점을 상기해야 할 것이다. 그러므로 이 책에서 이중적인 작업을 수행하려고 노력할 것이다. 첫째, 러시아의 새로운 리센코주의가 어떻게 소련 붕괴 이후의 특정한 맥락 속에서 탄생하게 되었는지, 둘째, 그것의 타당성을 어떻게 평가할 수 있는지이다. 나는 과학의 진보와 관련하여 각각의 세대가 그때그때 자신의 시대에 인식된 진리의 핵심 요점을 분명히 펼쳐 보여주는 것이 좋다고 생각한다. 후속 세대는 그들만의 또 다른 요점이 있다는 것을 제시할 수 있을 것이다. 이것이야 말로 우리가 무언가를 배워가는 과정에 다름 아니다.

1장 | 시베리아의 다정한 여우들[1]

"이는 새롭지만 논란이 따를 수 있는 사고방식이다. 이 지점에서 우리는 리센코 주의로 회귀하게 될지도 모른다. (...) 가장 위험한 가능성은 이러한 방향이 유전학 자체를 위태롭게 하는 것이다."
— V. 바르텔V. Bartel 2

나는 매우 추웠지만, 패딩 장갑을 벗어 나를 향해 다가오는 시베리아 여우를 향해 손을 뻗었다. 여우는 내 손을 핥으며 쓰다듬어 달라는 듯 몸을 낮추었다. 나는 여우의 매끈한 등을 어루만져 주었다. 여우는 마치 강아지처럼 가까이 다가와 나의 관심을 받기 위해 부드럽게 움직였다. 여우는 분명히 나와의 접촉을 즐겼고 여전히 장갑에 파묻혀 있는 나머지 한쪽 손을 부지런히 핥았다. 여우는 대개 인간에게 적대적인데, 이 녀석은 사람을 사랑하는 것 같았다.

이러한 결과를 가능케 한 실험은 약 60년 전에 시작되었으며, 1940년대부터 오늘날까지 꾸준히 이어지고 있는 과학과 정치에 대한 질문을 상기시킨다. 이 실험을 둘러싼 논쟁은 결코 사라지지 않았다. 오히려 논쟁은 갈수록 격화되고 있는데, 이는 도리어 이 실험을 주도했던 사람들을 당황스럽게 하고 있다. 그들이 실험을 통해 증명하고자 했던 지식은 폐기될 위험에 처해 있다. 논쟁의 양상은 실험의 설계자뿐 아니라 생물학계 전체를 충격에 빠트렸다.

이 실험을 처음 시작한 사람은 드미트리 벨랴예프Dmitri Belyaev이다. 그는 지난 세기 과학계에서 가장 악명 높은 논쟁에 휘말렸던 러시아 생물학자이다. 벨랴예프가 대학 교육을 받고 있던 1940년대의 러시아 생물학계는 유전학을 둘러싼 거대한 논란을 목도하고 있었다. 제대로 된 정규교육을 받지 못했던 독단적인 농학자 트로핌 리센코가 세계 학계에서 공인된 주류 유전학에 도전장을 내밀고 있었던 것이다. 그는 유전자가 유전정보의 주요 전달자임을 부인했고, 분자생물학을 묵살했으며, 미국인 과학자 토머스 헌트 모건Thomas Hunt Morgan 등 현대유전학의 창시자들을 '부르주아 사기꾼'이라고 비난했다. 그는 획득 형질의 유전, 즉 한 유기체가 일생 동안 획득한 특성이 후손들에게 전달될 수 있다는 생각에 토대를 두고 자신의 입론을 설파했다. 1948년 스탈린이 직접 리센코의 견해를 승인했고, 그 결과 소련 전역의 유전학자들은 비밀경찰에 의해 탄압받게 되었다. 일부는 처형되었고, 그 외 다수는 노동수용소에 수감되었으며, 더러는 그곳에서 사망했다. 리센코의 가장 잘 알려진 적수였던 니콜라이 바빌로프Nikolai Vavilov 역시 수용소에서 굶어 죽었다. 정치권력이 과학을 압살했고, 소련의 고전유전학classical genetics은 거의 소멸될 지경에 이르렀다. 리센코는 그렇게 승리를 거두었다.

유전학에 정통했던 벨랴예프는 리센코의 견해가 틀렸다고 굳게 믿었다. 당시 모스크바 모피 육종 중앙연구소the Central Research Laboratory of Fur Breeding 소속의 청년 과학자였던 그는 경솔하게 자신의 속내를 드러냈다. 결과적으로 그는 직위해제되었다. 그러나 아마도 그가 유망한 젊은 학자라는 점이 참작되었는지 체포는 면할 수 있었다. 벨랴예프는 그러한 분위기에서 공개적으로 유전학을 연구하는 것이 불가능함을 깨닫게 되었다. 그는 자신이 믿는 원칙들을 전적으로 부정하지 않으면서도 연구를 계속해 나갈 수 있는 길을 모색했다. 1950년대에 소련 정부는 시베리아 변방 노보시비르스크Novosibirsk 인근에 새로운 과학 도시를 건설한 바 있다. 이 과학 도시는 모스크바의 정치 지도자들로부터 3200킬로미터 이상 떨어져 있었다. 다수의 재능 있는 과학자가 현대적인 시설과 외진 장소가 주는 상대적인 자유에 이끌려 그곳으로 향했다.[3] 노보시비르스크는 리센코주의를 피해 피난 온 벨랴예프를 포함한 소수의 유전학자들에게도 하나의 은신처가 되어주었으며, 다른 반리센코주의 생물학자들 또한 그곳으로 하나둘 모여들었다.[4]

벨랴예프는 과학적으로는 흥미롭지만 정치적으로 안전한 주제를 찾고 싶었다. 그는 동물 가축화animal domestication 문제에 전념하기로 했다. 시베리아에서 흔히 볼 수 있는 여우가 선택되었고, 벨랴예프는 곧 수백 마리 여우를 바탕으로 자신의 실험을 시작했다. 동물 가축화 분야는 리센코주의자들에게 문제가 되지 않는 주제였다. 찰스 다윈은 '유전자'가 발견되기 훨씬 전에 동물 가축화에 관한 책을 쓴 바 있으며, 리센코는 종종 자신의 접근 방식을 '창조적 다윈주의'

라고 부를 만큼 다윈을 존경했다.[5] 동물의 가축화는 인공선택artificial selection에 기반을 두고 있다. 인공선택은 수세기 동안 동식물 육종과 관련하여 행해진 관행이며 19세기 러시아 원예학자 이반 미추린Ivan Michurin에 의해 계승·발전되었다. 마찬가지로 리센코는 이러한 미추린을 대단히 존경하여 종종 자신의 접근법을 '미추린주의 생물학'이라고 부르기도 했다.[6] 확실히 동물의 선택적 육종은 여러모로 안전한 연구 주제라 할 만했다.[7]

벨랴예프는 안전하지만 비타협적으로 여우의 가축화를 연구함으로써 리센코의 이단적 견해 대신 러시아 바깥에서 수행되고 있었던 고전유전학에 충실할 수 있을 것이라 믿었다. 벨랴예프는 리센코와는 달리 유전자의 존재와 중요성을 확신하고 있었다. 그의 여우 가축화 실험은 철저히 유전자, 돌연변이, 재조합recombination, 인공선택 등의 고전유전학의 원칙들에 입각한 것이었다. 이 실험은 리센코가 강조했던 획득 형질의 유전과는 완전히 무관했다. 그러나 벨랴예프는 훗날 자신의 실험이 본인이 입증하고자 했던 기본적인 원칙들을 의문에 부치는 데에 활용될 것이라고는 꿈에도 상상하지 못했을 것이다.

벨랴예프는 자신이 수집한 야생 여우들을 세 그룹으로 분류했다. 첫 번째 그룹은 모든 인간의 접근에 적대적인 가장 사나운 여우들, 두 번째 그룹은 인간에게 먹이를 줄 때 물거나 도망을 가지는 않았지만 사람을 좋아하지는 않는 것이 분명한 여우들, 그리고 세 번째 그룹은 사람들이 가까이 왔을 때 낑낑거림으로써 인간에게 어느

러시아의 유전학자 드미트리 벨랴예프가 자신이 길들인 은색 여우들과 함께 있다.

정도 관심을 표현하는 여우들이었다. 이어서 벨랴예프는 이 여우들에게 강한 인공선택의 압력을 가했다. 가장 적대적이지 않은 여우를 번식시켰고 대를 거쳐 가장 크게 친근함을 표하는 여우들을 계속해서 선택했다. 6대째가 되자 벨랴예프가 '가축화된 엘리트'라고 명명한 새로운 종류의 여우들이 나타나기 시작했다. 그들은 강아지처럼 킁킁거리며 인간을 핥았다. 10대째에 이르자, 새끼 여우의 18퍼센트가, 20대째에서는 35퍼센트가 이러한 '엘리트'에 속하게 되었다. 이 집단의 여우들은 성격적으로 매우 친근할 뿐만 아니라, 신체적으로도 변화가 발생하여 늘어진 귀와 흔들 수 있는 꼬리를 갖게 되었다. 40세대 이상을 거친 오늘날에는 무려 70~80퍼센트가 이 엘리트에 속한다. 실제로 대다수의 여우가 매우 친근해졌기 때문에 벨랴예프의 연구소는 여우들을 애완용으로 팔아 후속 실험을 위한 자금에 보태기 시작했다.[8]

벨랴예프는 이러한 결과를 고전유전학의 관점으로 해석했다. 그는 자신이 기질의 측면에서 유전적인 변이가 있는 것으로 생각되는 여우 무리를 선택함으로써 점차적으로 가장 친근한 여우의 비율을 늘려갔다는 이론을 세웠다. 그는 특정한 유전자들이 단독으로 혹은 집합적으로 이러한 친근한 본성을 결정한다고 가정했다.

나는 벨랴예프와 그의 여우 농장을 여러 차례 방문했다. 벨랴예프는 노보시비르스크 인근의 과학 도시 아카뎀고로도크Akademgorodok에 위치한 세포학·유전학 연구소의 소장이었다. 여우 농장은 벨랴예프의 연구실에서 수 킬로미터 떨어진 시골에 위치해 있었다. 1976년 나는 벨랴예프를 대동하지 않고 혼자 그 농장을 찾았고, 그곳에서 매일매일 여우를 돌보는 일을 맡고 있는 보조원들을 만날 수 있었다. 러시아 전통 발렌키(펠트 부츠), 두꺼운 코트, 헤드숄로 단단히 무장한 한 친절한 여성 보조원에게 왜 여우가 이렇게 다정하게 구는 것인지 물었다. 그녀가 대답했다. "우리가 여우들을 끔찍이 아끼고 보살피며 또 사랑하기 때문이지요. 우리는 끊임없이 녀석들을 쓰다듬어 주고, 최고의 사료를 공급하며, 각자에게 이름을 지어주고, 한 마리 한 마리 녀석들의 이름을 부르지요. 그렇게 여우들에게 우리의 사랑을 보여준답니다. 여우들은 이에 반응하여 우리에게 사랑으로 보답하는 것이고요. 그렇게 사랑이 유전되는 것이지요."

그의 대답은 나를 깜짝 놀라게 하기에 충분했다. 그는 유전자를 전혀 언급하지 않았을뿐더러, 그의 대답이 상사인 벨랴예프가 부정하는 원리인 획득 형질의 유전에 바탕을 두고 있다는 점이 너무나 명백해 보였기 때문이다. 사실 그 보조원의 생각은 리센코의 견해와 완전히 일치하는 것이었다. 리센코는 젖소와 그 자손들을 주의 깊게 보살피고 축사를 청결히 유지하며 넉넉하게 잘 먹임으로써, 더 많은 우유를 생산할 수 있게끔 만들 수 있다고 주장했다. 유전적 혈통은 리센코에게 아무 의미 없는 것이며, 마찬가지로 벨랴예프의 보조원들에게도 큰 의미가 없는 것처럼 보였다.

나는 벨랴예프의 연구실로 돌아와 이 문제를 언급했다. 그에게 다음과 같이 물었다. "여우 농장에 있는 당신의 직원들 중 일부가 리센코의 지지자인 것을 알고 계십니까? 그 사람들은 여우들이 다정해진 것이 유전적 선택의 결과가 아니라 자신들이 여우들을 잘 보살폈기 때문이라고 믿던대요." 벨랴예프는 웃으며 알고 있다고 대답했다. 그는 "그러나 그들을 리센코의 추종자라고 부르는 것은 옳지 않습니다"라고 덧붙였다. "그들은 단지 획득 형질의 유전이라는 원리를 지지하는 사람들일 따름입니다. 그것은 그릇된 견해이기는 하지만 해롭지는 않습니다. 실제로 그 사람들이 나보다 여우를 더 잘 보살필 거예요. 그들은 돌봄을 매우 중요하게 여기지만, 저는 그렇지 않거든요. 그래서 오히려 그들은 참으로 훌륭한 연구 보조원이지요.

제게는 여우들과 실험실 시설을 제대로 살펴주는 세심한 보조원이 필요합니다."

수년이 지나 내가 후성유전학의 중대한 의미를 이해하게 되었을 때, 이 대화를 떠올렸다. 후성유전학자들에 따르면 한 유기체가 일생 동안 경험한 바는 어떠한 경우 적어도 몇 세대에 걸쳐 유전될 수 있는 효과를 창출한다. 벨랴예프의 생각과는 달리 획득 형질의 유전이 실제로 발생할 수 있다는 것이다.

서방 후성유전학의 초기 연구 가운데 잘 알려진 한 실험은 벨랴예프의 시베리아 여우 실험과 유사하다. 맥길대학교의 마이클 미니Michael Meaney는 특정한 시궁쥐rat litters의 경우, 어미가 많이 핥아주고 털 손질을 해준 새끼들이 어른 쥐가 되어 자신의 새끼들에게도 아낌없는 관심을 주며, 이러한 현상이 미래 세대에서도 대를 이어 계속된다고 주장했다.[9] 미니는 이러한 경향이 쥐의 DNA에 결합된 화학기chemical groups에 의해 제어되는 유전자 발현gene expression과 관련이 있을 수 있다고 분석했다.[10] 그리고 그는 이러한 '화학적인 결합물들'은 어떠한 행동, 즉 이 실험의 경우 핥아주고 털을 손질해 주는 행동으로부터 생성되는 것이라고 보았다. 미니는 시베리아 여우 관리인이 오래전 내게 말해준 것과 매우 유사한 방식으로 획득 형질의 유전이 가능하다고 지적했다. 물론 여우를 돌보던 사람들은 과학적 설명 대신 그저 "우리가 여우들을 사랑하고 여우들도 우리를 사랑하며, 이 사랑이 유전되는 것"이라고 말했지만 말이다.

후성유전학이 시베리아 여우 실험을 설명하는 데 도움이 될까?

이 책의 저자 그레이엄이 시베리아에서 여우에게 먹이를 주고 있다.

새끼 여우들이 관리자들로부터 받은 보살핌이 그 자손의 행동에도 영향을 미칠 수 있을까? 시베리아 여우 실험이 우리로 하여금 리센코를 재평가하도록 하는 것인가? 우리는 아직 이 질문들에 대한 온전한 답을 알지 못하며, 추후 더 많은 연구를 필요로 한다. 그러나 이러한 문제들이 1985년에 벨랴예프가 사망하고도 한참이 지난 오늘날까지 시베리아에서 실험을 지속하고 있는 연구자들을 곤란하게 만들고 있다는 점은 분명해 보인다.

2007년 세포학·유전학 연구소는 벨랴예프의 탄생 90주년을 기념했다. 선도적인 과학자들의 탄생을 기념하는 것은 러시아 과학계의 통상적인 관행이다. 대개 연사들은 대본에 적힌 대로 예상 가능한 찬사를 보내며 고인을 찬양한다. 그러나 2007년 노보시비르스크 행사에서 몇몇 연사가 '후성유전적 유전epigenetic inheritance'을 언급했다. 특히 참가자들 가운데 두 명의 비러시아인이었던 에바 야블론카Eva Jablonka와 마리온 J. 램Marion J. Lamb의 경우, 현대 생물학이 획득 형질의 유전을 다시 수용해야 한다고 주장해 왔던 것으로 널리 알려져 있었다.[11] 물론 이러한 관점이 오래전 내가 대화를 나눴던 여우 관리인들의 심기를 거스를 일은 없을 것이다. 그러나 후성유전적 유전이라는 주제는 분명히 행사에 참석한 다수의 러시아 유전학 전문가들을 불편하게 했다. 어쨌든 그들은 자신들과 스승인 벨랴예프가 획득 형질의 유전설에 반대하며 리센코와 용감하게 맞서 싸웠으며, 그 과정에서 옥고를 치러야만 했던 선배 과학자들을 똑똑히 기억하고 있었다. 한 참가자는 후성유전학이 여우 실험과 관련된 새로운 의문들을 불러일으키면서 '리센코주의로 회귀할' 가능성을 제기하고 있다고 보았다.

여기서 가장 위험한 문제는 이러한 새로운 발전이 유전학 자체를 훼손할 수 있다는 점입니다. 리센코는 환경적 조건이 모든 것을 바꿀 수 있다고 말했습니다. 후성유전학은 유기체의 형질 변화가 돌연변이와 재조합의 영향을 받아 일어나는 것이 아니라, 유전자의 발현에 작용하는 어떠한 변화로 의해 일어난다고 봄으로써, 리센코와 유사한 견해를 주장하고 있는 것입니다.[12]

이 참가자는 환경이 유전자 발현에 영향을 줄 수 있다는 후성유전학의 관찰에 특히 주의를 기울였던 것이다.[13]

이처럼 후성유전학이라는 새로운 과학이 등장한 이후, 오늘날 세계적으로 유전학을 둘러싼 논란이 한층 거세지고 있다. 앞에서 본 과학자의 반응을 통해 우리는 다음과 같은 핵심 질문을 도출할 수 있을 것이다. 만약 후성유전학이 리센코의 주장대로 획득 형질이 유전된다는 것을 보여주는 것이라면, 결국 고전유전학자들이 아니라 리센코가 옳았다는 말인가?

2장 | 획득 형질의 유전

> "획득 형질의 유전 개념은 2000년이 넘도록 거의 보편적으로 유지되어 온 관념
> 이다."
>
> - 콘웨이 저클Conway Zirkle1

획득 형질의 유전은 생각보다 오랜 역사를 가지고 있다. 프랑스 박물학자 장 바티스트 라마르크Jean-Baptiste Lamarck가 그 오랜 역사의 끝자락에 서 있다고 볼 수 있으며, 이후 서방에서 획득 형질의 유전설은 유전학의 등장과 더불어 사양길로 접어들었다.* 20세기 내내 획득 형질의 유전이라는 개념은 주류 생물학계에서 기각되었다. 당대 생물학의 거장들은 주로 20세기 초 다윈주의Darwinism와 멘델주의Mendelism를 결합한 이른바 현대종합이론modern synthesis을 수용했다.

---

* 이 책에서 '유전학(genetics)'이라는 용어는 유전(heredity 혹은 inheritance)에 관한 학문이라는 일반명사가 아니라, 멘델(Mendel)과 모건(Morgan)의 이론에 입각한 이른바 고전유전학(classical genetics)을 가리키는 고유명사로 사용되고 있다. 본문에서 설명하고 있듯, 고전유전학은 획득 형질의 유전을 인정하지 않는다. — 옮긴이

이들은 자연선택, 돌연변이, 재조합에 근거하여 유전을 설명할 수 있다고 믿었으며, 획득 형질의 유전 개념과 그 지지자들을 조롱했다. 설상가상으로 획득 형질의 유전설이 각각 3장과 6장에서 논의될 파울 캄머러Paul Kammerer 사건(1926년)과 리센코 사건(1936~1965년)이라는 두 스캔들에 연루됨으로써, 이 이론에 대한 인식은 최악으로 치달았다. 획득 형질의 유전설은 캄머러 및 리센코와 정치적인 이유로 결탁한 좌익들이나 지지하는, 거짓될 뿐만 아니라 도덕적으로도 비난받아 마땅한 이론으로 치부되었으며, 이런 식으로 점점 더 서구에서 그 신빙성을 잃어갔다. 이 이론은 언제나 신뢰할 수 없는 과학자들과 결부된 어떤 이론으로 이해되었으며, 진정한 과학과는 아무 상관이 없는 것으로 받아들여졌다. 만약 누군가가 획득 형질의 유전에 대해 진지하게 연구하고자 한다면, 그는 과학자로서 자신의 명성을 걸어야만 했다. 냉전 시대의 정치가 이러한 상황을 지속시키는 데에 한몫했음은 물론이다.[2]

1962년부터 1990년 사이에 가장 널리 사용된 학부 수준의 유전학 교과서 30종을 조사한 결과, 획득 형질의 유전을 다룬 책은 단한 권도 없는 것으로 밝혀졌다.[3] 획득 형질의 유전은 주로 다음과 같이 취급되었다. "라마르크의 획득 형질의 유전에 대한 가설은 폐기되었다. 그러한 유전을 가능하게 하는 분자 단위의 메커니즘이 존재하지 않고 또 상상할 수도 없기 때문이었다."[4]

그런데 이처럼 한 번 폐기되었던 개념이 21세기에 다시 등장하게 된 것이다. 그렇다면 과연 획득 형질의 유전이란 무엇인가? 고전적인 정의에 따르면, "한 유기체가 획득한 변형이 후손에게 유전되는 것"이라고 할 수 있겠다.[5] 오늘날 우리는 후성유전학 덕분에 적어도 몇몇 경우 그러한 특성들이 전달된다는 점을 알게 되었다. 하지만 일부 생물학자들은 여전히 이에 저항하고 있다. 이들은 "후성유전적 유전과 획득 형질의 유전을 동일한 것으로 볼 수 없다"라면서, "전자의 경우 토대가 되는 DNA는 변하지 않은 채, 특정 유전자의 발현만 달라지는 것이기 때문"이라고 말한다. 그들은 또한 후성유전적 표지epigenetic marks가 재생산 과정에서 종종 사라지기도 하며, 또한 사라지지 않더라도 그러한 표지가 과연 몇 세대 동안이나 존속되는지 밝혀지지 않았다는 점을 지적한다. 더욱이 단순한 유기체에 비해 인간 및 여타 포유류에서는 후성유전적 유전이 비교적 쉽게 발견되지 않는다는 점도 언급된다. 이 모든 것은 사실이다. 하지만 후성유전학의 등장 이래 우리가 새롭게 알게 된 바가 "유기체의 일생 동안 획득한 특성이 후손에게 전달된다"라는 획득 형질의 유전의 고전적인 정의와 절묘하게 맞아떨어진다는 점을 감안할 때, 획득 형질의 유전설을 둘러싼 논쟁에 대한 솔직하고 편견 없는 반응은 아마도 다음과 같을 것이나. "그렇다. 아직 더욱 연구되어야 할 부분이 있지만, 획득 형질의 유전은 실제로 발생한다." 생물학자들은 여전히 논쟁적인 '획득 형질의 유전'이라는 용어를 사용하기를 꺼리는 경우가 많다. 대신 그들은 '후성유전적 유전epigenetic inheritance'이라는 표현을 선호한다.

　나는 2013년 하버드대학교 의대가 주최한 한 강연에 참석한 적이 있다. 이 강연에서 위스콘신대학교의 스콧 케네디Scott Kennedy는 "현재 후성유전적 정보가 여러 세대에 걸쳐 초세대적transgenerational으로 전달된 수많은 사례가 확인되고 있다"라고 말했다.[6] 케네디는 예쁜꼬마선충worm C. elegans에 대한 자신의 작업을 소개한 후, 어떻게 그러한 후성유전적 유전이 6~8대에 걸쳐 유지되는지 설명했으며, 그 지속 기간이 더욱 연장될 수 있을 것이라고 전망했다. 그러나 케네디는 강연 도중 단 한 번도 '획득 형질의 유전'이라는 말을 언급하지 않았다. 그는 그러한 유전 현상을 구체적으로 명명하지 않고 그저 설명하기만 했던 것이다.

앞으로 시간이 더 흐를수록, 20세기에 획득 형질의 유전을 이토록 완고하게 부정해 왔다는 사실은 생물학적 사고biological thought의 흐름 속에서 점점 더 기이한 금기였다고 여기게 될 공산이 큰 것 같다. 이 이론에 대한 믿음은 고대로, 즉 히포크라테스Hippocrates의 시대나 그 이상으로 거슬러 올라간다. 획득 형질의 유전이라는 개념의 역사를 상세히 연구한 한 학자는 그것이 "2000년이 넘도록 거의 보편적으로 유지되어 온 관념"이라고 주장한다.[7] 이 원리를 지지했던 인물들로 그는 히포크라테스, 플리니Pliny, 아리스토텔레스, 로저 베이컨Roger Bacon, 안드레아스 베살리우스Andreas Vesalius, 존 레이John Rey, 윌리엄 고드윈Wiliam Godwin, 찰스 라이엘Charles Lyell, 그리고 찰스 다윈Charles Darwin을 꼽았다. 물론 이러한 인물들 사이에는 획득 형질 유전이 실제로 무엇을 의미하는지, 어떻게 작동하는지를 두고 다양한 이견이 존재했다. 예를 들어 다윈은 자신의 진화론으로 설명하기 어려운 일부 변칙들anomalies을 설명하기 위해 마지못해 획득 형질의 유전을 수용했다. 기본적으로 다윈은 자연선택이 '훨씬 더 거대한 힘'이라는 자신의 견해를 강조해 마지않았다. 그럼에도 그는 획득 형질의 유전이 어떻게 작동하는지 설명하기 위해 '판게네시스pangenesis'라는 개념을 새로이 고안하기도 했으며, 또 『종의 기원』이 판을 거듭해 갈수록 획득 형질 유전의 중요성을 점차 부각시켰다.

반면 오늘날 생물학자들에게 획득 형질의 유전을 이야기한다면, 그들은 다윈을 떠올리기는커녕 백이면 백 "아, 라마르크주의를 말씀하시는군요"라고 대답할 것이다. 앞에서 본 획득 형질의 유전설의 오랜 역사를 감안할 때 이는 다소 의아한 일이다. 18세기 후반에서 19세기 초반에 활동했던 프랑스 생물학자 라마르크의 이름이 하필이면 수천 년 동안 수많은 과학자들과 사상가들의 지지를 받아온 획득 형질의 유전 개념과 동일시되는 이유가 무엇일까?

| 장 바티스트 라마르크

장 바티스트 라마르크(1744~1829)는 위대한 과학자이다. 그러나 그가 위대한 이유는 오늘날 사람들이 통상적으로 기억하는 이유와는 다를 수 있다.[8] 곤충, 거미, 연체동물과 같은 무척추동물을 분류하기 위해 그가 창안한 분류 체계는 가히 획기적인 것이었다. 그뿐 아니라 식물학자로서 그의 분석 방법은 린네Linnaeus의 방법보다 우수했다. 프랑스의 식물군에 대한 그의 세 권짜리 저작은 대중적으로도 성공했으며 과학적으로도 중요한 연구이다. 그는 원래 종이 고정불변한다고 믿었지만 점차 종이 진화한다는 관점으로 나아갔으며, 동시에 여러 가지 추측에 근거한 가설들을 제시하기 시작했다. 그는 자연 내의 '복잡성의 증가'라는 관념을 중심으로 종의 변화 메커니즘을 사유했다. 즉, 생기론vitalism이나 유신론theism으로 변화를 설명하는 관점을 거부하고 자연주의적으로 종의 변화를 설명하려 했던 것이다. 1809년 65세가 되던 해에 그의 건강이 악화되기 시작할 무렵, 라마르크는 그의 작업 중 오늘날 가장 잘 알려져 있으며 그의 진화론의 완성된 형태를 보여주는 저작『동물철학Philosophie zoologique』을 출판했다. 라마르크에 대한 후대의 논의들은 분류학과 관련된 초기 저작들을 간과한 채 대부분 이『동물철학』에 집중되어 있다. 라마르크는 1815년에 출간된 일곱 권짜리 대작인『무척추동물지Histoire naturelle des animaux sans vertebres』의 서문에서 자신의 진화론을 상세하게 논했다. 라마르크의 진화론 가운데 후대의 가장 큰 관심을 끌었던 요소, 즉 획득 형질의 유전이 자세히 제시된 것도 바로 이 책의 서문에서이다. 라마르크 시대에는 거의 모든 사람이 획득 형질의 유전을 믿었다는 점을 감안할 때, 이 개념을 유독 라마르크에게만 결부시킬 필요는 없을 것이다. 그럼에도 라마르크는 이 원리와 너무나도 일체화되어 '라마르크주의Lamarckism'가 곧 획득 형질의 유전을 뜻한다고 이해하는 방식이 생물학계의 표준이 되었다. 불행하게도 이제 와서 이를 어찌할 수는 없을 것이다. 때로는 개념의 용례usage가 정확성accuracy을 압도하는 법이다.

프랑스의 식물학자 장 바티스트 라마르크는 19세기 초에 획득 형질의 유전을 지지했다.

라마르크의 진화론은 두 가지 요소에 바탕을 두고 있는데, 첫째
는 생명체의 진화가 자연스럽게 복잡성을 지향하는 경향이 있다는

점이고, 둘째는 환경이 진화에 막대한 영향을 미친다는 점이다.[9] 기린이 긴 목을 갖게 된 이유에 대한 라마르크의 논의는 너무나도 잘 알려져 있으며, 자주 다윈의 진화론과 대조되곤 한다. 라마르크는 기린이 높은 나무 가지에 매달려 있는 먹이를 먹기 위해 목을 뻗음으로써 목의 길이를 늘일 수 있으며, 그렇게 길어진 목이 유전될 수 있고, 이 과정이 누적되어 결과적으로 기린의 목이 길어졌다고 믿었다. 반면 다윈은 어느 기린 무리에나 다른 개체들보다 목이 긴 변종들이 임의적으로 존재할 수 있으며, 자연선택을 통해 목이 긴 기린들이 목이 짧은 기린보다 더 자주 생존할 수 있게 되고, 그 결과 후손 기린들은 긴 목을 갖게 된다고 보았다. 여기서 중요한 점은 라마르크의 경우, 한 마리의 기린이 일생 동안 우연히 획득하게 된 특징이 진화적으로 중요할 수 있다고 생각한 반면, 다윈은 자연선택이라는 일관된 원리를 개별적이고 임의적인 자연적 변이natural variation 보다 강조했다는 것이다. 다윈은 결코 획득 형질의 유전을 전적으로 부정한 적이 없기 때문에, 이 기린의 사례만으로 다윈과 라마르크를 확연하게 대조시키는 관점은 지나치게 단순화된 면이 없지 않다. 그러나 이 사례가 설명해 주는 바가 너무 명쾌하여 여러 표준 생물학 교과서에 수록되었음은 주지의 사실이다. 여기에 더 나아가 이러한 표준 교과서들은 아우구스트 바이스만August Weismann을 위시한 과학자들에 의해 유전학이 진보하게 되면서 획득 형질의 유전의 불가능함이 명명백백히 밝혀졌다고 덧붙이곤 한다.

| 아우구스트 바이스만과 생식질 이론

19세기 후반 생물학의 가장 중요한 전환점 중 하나는 독일의 진화생물학자 아우구스트 바이스만(1834~1914)에 의해 추동되었다. 그는 생식세포germ cells를 유기체의 신체의 나머지 부분과 명확하게 구별했고, 심지어 양자 사이에 일종의 장벽이 있다고 묘사했다.[10] 한 가지 유의할 부분은 라마르크의 경우와 마찬가지로, 바이스만에 대해서도 해당 인물이 실제로 말하거나 쓴 내용과 세상이 그들의 생각을 받아들인 방식 사이에 약간의 차이가 있다는 점이다. 바이스만은 사실상 전적으로 '생식질 이론germ plasm theory'을 발전시킨 과학자로 기억되고 있다. 여기서 생식질 이론이란 유전정보가 오직 생식세포를 통해서만 전달되며, 체내의 다른 세포인 체세포들somatic cells은 유전과 관련하여 어떠한 역할도 하지 않는다는 이론이다. 이 이론에 따르면 유전 과정은 오직 한 방향으로만 진행된다. 생식세포가 체세포를 생산할 뿐 체세포에서 발생하는 그 어떠한 변화도 역으로 생식세포에 영향을 미칠 수는 없다. 이러한 개념은 획득 형질의 유전이 불가능하다는 것을 보여준다. 바이스만은 DNA에 대해 전혀 몰랐는데, 그의 이름으로 상징되는 이 이론은 훗날 등장하게 될 분자생물학의 '센트럴 도그마', 즉 유전정보는 단백질에서 핵산으로 다시 옮겨질 수 없다는 이론을 예증하는 것으로 이해되었다.

더불어 바이스만이 획득 형질의 유전을 '반박'했다고 기억하는 사람들이 많다. 그는 22대에 걸쳐 쥐 수백 마리의 꼬리를 잘라내는 유명한 실험을 진행한 바 있다. 그러나 마지막 세대의 쥐들의 꼬리 길이는 첫 번째 세대의 쥐들의 꼬리 길이와 동일했다. 절단이 환경의 영향을 대표하는 좋은 변수인가에 대해서 의문이 제기될 수 있으나, 바이스만의 이 '쥐 실험'은 획득 형질의 유전을 반박하는 실험으로서 끊임없이 인용되어 왔다.

바이스만의 저작을 세심하게 살펴보면, 지금까지 살펴본 다소 단순한 도식화가 반드시 정확한 것은 아니라는 점을 알 수 있다. 과학사학자 윈서R. G. Winther는 심지어 "바이스만은 바이스만주의자가 아니다"라고 말한다. 윈서에 의하면 바이스만은 환경이 유전물질에 영향을 미칠 수 있다는 관념을 받아들였다고 한다. 그럼에도 라마르크의 경우와 마찬가지로 바이스만에 대해서도 개념의 용례가 그 정확성을 압도했다고 할 수 있다. 윈서는 후대의 생물학자들이 "그들의 목적에 부합하는 방식으로 바이스만을 재해석했다"라고 본다.[11] 그리하여 바이스만은 생물학에서 라마르크주의의 신빙성을 떨어뜨리는 데 기여한 학자로 기억되는 것이다. 이러한 재해석이 이루어졌지만, 라마르크주의 지지자들은 20세기까지 자신들의 주장을 좀처럼 굽히지 않았다. 그러나 이러한 과정에서, 3장에서 다룰 것이지만, 1926년 파울 캄머러에 의해 또 한 번 획득 형질의 유전설의 신뢰성에 금이 가는 사건이 발생하기도 했다.

비록 정확한 것은 아니었지만, 어찌 되었든 이상에서 살펴본 유전에 대한 '바이스만주의적' 이해는 획득 형질의 유전설을 낭만화하고 이상화하는 일각의 인식을 일소하고 분자생물학의 기초를 닦는

미국의 생물학자 토머스 헌트 모건은 유전 과정에서 염색체의 역할을 밝힌 연구로 1933년 노벨상을 수상했다.

데에 기여했다. 후성유전학자들 사이에서 기존의 주류 생물학자들에 의해 '바이스만주의'가 심각하게 곡해되었다고 볼 여지가 있다는 점이 지적되기 시작했을 때에는 이미 이상과 같은 분자생물학을 중심으로 획득 형질의 유전설을 부정하는 새로운 인식의 토대가 확실하게 마련된 후였다.*

19세기 말 서유럽에서 라마르크주의는 바이스만주의의 공격을 받으며 점차 수세에 몰렸다. 바이스만은 이 주제를 둘러싸고 과학대중화에 힘쓰던 허버트 스펜서Herbert Spencer와 일련의 논쟁을 벌였다. 당시 스펜서는 획득 형질의 유전을 설득력 있게 옹호하고 있었다.[12] 스펜서는 노련하게 일반 교양 독자들의 관심을 끌었다. 그러나 스펜서가 과학자는 아니었던 까닭에 몇몇 영향력 있는 생물학자들은 스펜서보다 바이스만의 주장이 설득력이 있다고 보았다. 이러한 흐름 속에서 1909년 덴마크의 생물학자 빌헬름 요한센Wilhelm Johannsen은 '유전자gene'라는 용어와 더불어 '유전자형genotype'(세포의 유전적 구조) 과 '표현형phenotype'(유전자형과 환경의 영향의 결과로서 관찰할 수 있게 드러난 유기체의 형질들)이라는 개념을 제시했다. 그 후 20년 동안 유전학은 급속하게 발전하는데, 이 과정에서 특히 컬럼비아대학교의 토머스 헌트 모건Thomas Hunt Morgan과 케임브리지대학교의 윌리엄 베이트슨William Bateson의 공이 컸다. 이 두 사람은 모두 공개적으로 획득 형질의 유전을 부인했다.

---

* 여기서 저자가 말하는 '심각한 곡해(gross exaggeration)'란 바이스만이 획득 형질의 유전설과 완벽하게 결별했다는 후대 생물학자들의 해석을 뜻한다. ― 옮긴이

독일의 진화생물학자 아우구스트 바이스만은 라마르크의 유전학을 반박하는
생식질 이론을 발전시켰다.

영국의 유전학자 윌리엄 베이트슨.

독일의 생물학자이자 박물학자 에른스트 헤켈.

| 러시아와 획득 형질의 유전

러시아에서 획득 형질의 유전은 1917년 러시아혁명 훨씬 이전부터 논의되던 주제였다. 19세기 서유럽 및 미국에서와 마찬가지로, 많은 러시아 자연학자도 획득 형질의 유전 원리를 굳게 믿었다. 모스크바 대학교의 동물학 교수였던 룰르예K. F. Rul'e도 그러한 인물 중 한 명이었는데, 그는 1850년에 "동물의 왕국에 대한 외부 세계의 영향력은 후손 세대에서 강화되며 유전된다. (…) 가장 잘 훈련시킬 수 있는 동물들은 그 부모 세대부터 훈련을 받은 개체들이다"라고 말했다.[13] 열렬한 라마르크주의자였던 독일 생물학자 에른스트 헤켈Ernst Haeckel 의 견해 또한 19세기 후반 러시아 지식인들 사이에서 널리 통용되었다.

많은 러시아인은 라마르크주의와 다윈주의 사이의 모순을 심각하게 바라보지 않았다. 이 두 이론은 어쨌든 모두 진화론이었다. 바로 이 점이 '진화'를 당대의 가장 급진적이고 새로운 생각이라고 여겼던 러시아인들에게는 무엇보다 중요했다. 스스로를 헌신적인 다윈주의자라고 간주하던 러시아의 생물학자들은 대부분 획득 형질의 유전설을 받아들였다. 다윈 본인이 그랬던 것처럼 말이다. 러시아의 농업과학자 다수는 자신들의 일상적인 작업 속에서 획득 형질의 유전의 증거를 찾을 수 있다고 생각했다. 대표적으로 우유 짜기가 젖소에 미치는 효과에 관한 가설이 있다. 매일 젖을 짜게 되면 유전적으로 젖소가 더 큰 유방과 더 많은 유량乳量을 보인다는 것이다.

영국 및 미국과 달리 19세기 말 20세기 초 러시아에서 획득 형질의 유전설은 그리 크게 비판받지 않았다. 물론 러시아 지식인들도 서방에서 획득 형질의 유전을 둘러싼 논란이 있다는 점은 익히 알고 있었다. 그러나 이러한 논쟁은 주로 라마르크주의를 옹호하는 쪽에서 편집하거나 번역한 자료들을 통해 러시아로 소개되었다. 1893년 영국 학술지 《컨템포러리 리뷰Contemporary Review》에 실린 바이스만과 스펜서 사이의 대논쟁 또한 러시아 학술지 《나우치노에 오보즈레니Nauchnoe obozrenie(Science Review)》를 통해 소개되었다. 그러나 이 학술지의 편집자인 필리포프M. M. Fillippov는 라마르크주의의 강력한 지지자로서 스펜서에게 유리한 방식으로 이 논쟁을 소개했다. 바이스만에 대한 스펜서의 비판은 그 전문을 수록했던 반면, 바이스만의 답변은 3분의 2를 삭제하는 식이었다. 게다가 필리포프는 스펜서의 글에 대해서는 어떠한 논평도 하지 않았지만, 바이스만의 글에는 "바이스만은 설득력 있는 사실을 인용하지 않았다"라거나 "그의 최종적인 결론은 전혀 근거가 없다" 같은 비판적인 논평을 남겼다.[14]

요컨대 라마르크주의가 20세기 초 러시아 생물학계에 여전히 영향력을 행사할 수 있었던 원인 중 하나로 러시아에서는 모건과 베이트슨이 발전시킨 영미의 새로운 유전학이 더디게 수용되었다는 점을 꼽을 수 있을 것이다. 모건과 베이트슨 모두 획득 형질의 유전을 극렬히 반대했으며, 이 이론을 생식세포와 염색체 연구에 기초를 둔 새롭고 엄격한 유전학으로 대체하고자 했다. 기본적으로 1917년

영국의 철학자이자 사회학자 허버트 스펜서.

러시아혁명이 발발할 무렵까지 러시아에는 모건과 베이트슨을 따르는 '유전학자'들의 공동체가 부재했다고 볼 수 있으며, 혁명 이후에 비로소 소수의 유전학자들이 비주류 공동체를 형성해 갔다.

러시아 생물학자 이반 파블로프.

1920년대 러시아의 가장 유명한 과학자이자 노벨상을 수상한 생리학자 이반 파블로프Ivan Pavlov 또한 획득 형질의 유전을 굳게 신봉했다.[15] 파블로프는 대부분의 전문가들이 이런저런 형태의 라마르크주의를 지지하고 있었던 19세기 생리학계의 분위기 속에서 훈련받은 과학자였다. 따라서 그는 20세기 초에 진행 중이던 유전학의 급속한 진보와 유전학자들 사이에서 점증하고 있었던 획득 형질의 유전설에 대한 회의론에 크게 관심을 갖지 않았다. 그는 그저 유전학을 "생물학 내의 이색적이고 주변적인 한 분과"로 치부했다.[16] 파블로프는 동물의 행동 및 '조건적' 반사(특정 자극에 대한 학습된 반응)와 '무조건적' 반사(특정 자극에 대해 사전 학습에 의존하지 않는 본능적인 반응) 사이의 차이에 관한 연구에 매진했다.[17] 그는 심지어 조건반사가 수세대를 거치면 무조건반사가 되어 유기체의 내재적 유전의 일부가 될 수 있다고 믿었다. 이러한 믿음으로 인해 파블로프는 그의 경력에서 가장 당혹스러운 사건에 휘말리게 된다.

파블로프의 연구실 동료였던 니콜라이 스투덴초프Nikolai Studentsov는 1923년과 1924년에 획득 형질의 유전과 관련된 연구를 수행했다. 파블로프는 처음에 이 연구에 대단히 큰 흥미를 느꼈다. 여러 세대에 걸친 동물의 변화를 연구하기 위해 스투덴초프는 쥐를 활용하여 실험을 진행했다. 파블로프가 가장 좋아했던 동물인 개가 아닌 쥐가 선택된 데에는 쥐가 개보다 훨씬 더 빠르게 번식한다는 점이 고려되었다.

스투덴초프는 쥐의 후손 세대들이 조건반사를 발전시키는 데에 필요한 반복 학습의 횟수를 연구했다. 그는 쥐들을 우리에 가두어두고 먹이를 주기 전에 언제나 버저를 울렸다. 스투덴초프가 답하고자 했던 질문은 다음과 같다. 먹이 주머니를 넣어주기 전에 쥐가 버저 소리만 듣고 미리 먹이를 주는 장소로 달려가게 만들 때까지 실험자는 몇 번이나 버저를 울리는 행동을 반복해야 하는가? 이에 스투덴초프는 쥐의 세대가 거듭될수록 필요한 반복 횟수가 줄어든다고 주장했다. 그에 따르면 1세대 쥐의 경우, 쥐가 자동적으로 먹이 수급을 예측하게 될 때까지 평균 298번 버저를 울려야 했다. 2세대에서는 114번 반복이 필요했고, 3세대에는 29번, 5세대에는 단 6번만 반복하면 됐다. 따라서 스투덴초프는 획득 형질의 유전 원리를 통해 조건반사('버저가 울리면 먹이가 나온다')가 유전적으로 내재화된 무조건반사로 전환되어 후손 세대의 쥐들에게 전달된 것이라고 결론지었다.

1923년 파블로프는 서유럽과 미국을 순회하며 수많은 학술 강의와 대중 강연을 진행했다. 그는 획득 형질의 유전을 뒷받침하는 근거로 스투덴초프의 연구를 자주 인용했다. 파블로프는 구미의 강연장에서 "나는 일정한 시간이 지나면 새로운 세대의 쥐들이 사전 학습 없이 바로 버저를 듣고 먹이를 주는 장소로 달려가게 될 가능성이 매우 높다고 생각한다"라고 말했다.[18]

파블로프는 매사추세츠 우즈홀Woods Hole에서도 같은 견해를 피력한 바 있는데, 마침 그해 여름 저명한 생물학자들이 그곳에 모여 최신 연구에 대해 논의하고 있었다. 참가자 중에는 토머스 헌트 모건도 있었다. 역사학자들은 파블로프의 강연 이후 토론 과정에서 모건과 파블로프 사이에 의견 충돌이 있었을 것이라 믿고 있지만, 구체적인 발언 내용이 기록된 바는 없다. 분명한 점은 모건이 그 자리에서 화를 냈으며, 파블로프가 에든버러에서 열린 생리학대회에서 같은 내용을 재차 발표했을 때 모건은 더더욱 격분했다는 점이다. 모건은 윌리엄 베이트슨과 함께 스투덴초프의 작업과 그에 대한 파블로프의 해석에 의문을 제기했다. 그들은 스투덴초프가, 예컨대 훈련되지 않은 쥐들로 대조군을 두지 않는 등 방법론에서 충분히 엄격하지 않았으며, 그러므로 실험 결과를 신뢰할 수 없다고 지적했다. 또한 파블로프의 해석을 효과적으로 반박할 수 있는 대항가설로서, 해당 실험을 통해 쥐가 아니라 스투덴초프가 학습된 것이라고 주장했다. 다시 말해 스투덴초프 본인이 점점 더 능숙하게 쥐를 훈련시킬 수 있게 되었으며, 그 결과 쥐가 조건반사를 보이는 데에 필요한 실험 반복 횟수가 감소했다는 것이다.

모건은 심지어 파블로프를 조롱했다. 그는 「획득된 형질은 유전되는가?」라는 제목의 논문에서 다음과 같이 비유적으로 말했다.

> 만약 우리 아이들이 학교 종소리를 듣고 배워야 할 내용을 학습할 수 있다면, 특히 그 부모들에게 필요했던 종소리의 횟수의 절반만 듣고 그럴 수 있다면, 교육과 관련된 문제들이 얼마나 간단해지겠는가! 우리는 곧 종소리가 우리 증손자들에게 앞선 세대들의 모든 경험을 전수할 날을 고대하게 될지도 모르겠다.[19]

이러한 비판에 곤욕을 치른 파블로프는 스투덴초프에게 적절한 대조군(즉, 버저 소리가 난 후 먹이를 기대하도록 훈련을 받은 적이 없는 부모 세대를 둔 쥐의 무리)을 두고 실험을 다시 진행할 것을 요청했다. 이렇게 실험이 실시되었고, 결과는 파블로프와 스투덴초프를 크게 실망시켰다. 대조군과 실험군 사이에서 훈련 횟수에서 유의미한 차이를 발견할 수 없었던 것이다. 모건과 베이트슨의 주장이 옳았다. 스투덴초프는 쥐 훈련사로서 자신의 실력이 향상된 것을 두고 쥐가 학습한 반응이 후대에 유전되었다고 착각했던 것이다.

이 굴욕적인 사건 이후 파블로프는 쥐를 포기하고 개를 이용한 실험에 매진하게 됐으며, 더 이상 스투덴초프의 작업을 칭찬하지 않았다. 그러나 파블로프의 전기를 쓴 대니얼 토드스Daniel Todes에 따르면, 이때 파블로프는 결코 획득 형질의 유전에 대한 믿음을 버리지 않았다고 한다. 획득 형질의 유전에 대한 신념은 여전히 그의 지적 세계의 일부였던 것이다.

한편 파블로프 같은 '라마르크주의자들'의 대척점에서 일군의 러시아 유전학자들이 성장하고 있었다. 이들 학파는 영미 유전학의 발전에 긴밀히 보조를 맞추며 모건과 베이트슨의 이론을 따르는 과학자들에 의해 주도되었다. 이 그룹에는 콜초프N. K. Kol'tsov, 세레브로프스키A. S. Serebrovskii, 아골I. Agol', 테오도시우스 도브잔스키Theodosius Dobzhansky, 체트베리코프S. Chetverikov, 니콜라이 바빌로프, 게오르기 카르페첸코Georgi Karpechenko 등이 포함되어 있었다. 이들 중 콜초프는 파블로프의 친구였다. 그는 파블로프의 견해에 동의하지는 않았으며, 미국에 가서 획득 형질의 유전을 언급하지 말라고 파블로프를 설득하려 했으나 번번이 실패했다.

그러나 러시아혁명 이후 콜초프 같은 유전학자들은 라마르크주의자들과 논쟁할 때 몇 가지 불이익을 당해야만 했다. 그들은 실용적인 문제보다는 이론에 더욱 관심이 있는 학구적인 유전학자들이었다. 그러나 그 당시는 소련의 이데올로그들이 농업과학자들에게 소비에트 농업에 실질적인 도움이 되는 연구 결과를 내놓으라고 닦달하던 시대였다. 이러한 이데올로기적 요청에 부응하여 다수의 라마르크주의자들은 동식물을 실용적으로 육종하는 작업에 박차를 가하고 있었다. 여기에 더해 다수의 유전학자들이 혁명 전 부르주아 가문 출신이었다는 점 때문에 공공연히 급진주의자들로부터 의심을 받곤 했던 것이다.

요컨대 소련 내에서 획득 형질 유전의 중요성은 리센코가 본격적으로 역사의 무대 위에 등장하기 훨씬 전부터 이미 확립되어 있었다. 그보다 앞선 시기에 서방에서 특히 영국과 미국에서는 획득 형질의 유전이 대체로 부정되고 있었지만 말이다. 획득 형질의 유전설이 소련에서 갖는 이러한 지위 및 정치와의 연관성은 오스트리아 출신 과학자 파울 캄머러의 사례를 통해 선명하게 드러날 것이다. 이어지는 3장에서 자세히 다루어질 캄머러의 이야기는 지나친 정치적 헌신이 과학과 함께 갈 때 벌어질 수 있는 비극적인 결과에 대한 이야기이다.

3장 | 생물학계의 이단아 파울 캄머러

"그는 확실히 훌륭한 연구들을 많이 해왔고, 획득된 적응(acquired adaptation)이 유전적으로 전달될 수 있다는 것을 이례적으로 설득력 있게 입증한 것처럼 보인다. 그러나 나는 그러한 가설이 마음에 들지 않으며, 한 점의 의혹이 없어질 때까지 동의하지 않을 것이다. (…) 내 마음 속에는 무엇인가 조작이 아닐까 하는 의구심이 있었다." ─ 파울 캄머러에 대한 윌리엄 베이트슨의 회고[1]

1926년 9월 22일 저녁, 저명한 오스트리아 출신 생물학자 파울 캄머러는 비엔나 인근의 작은 휴양도시 푸흐베르크Puchberg에 위치한 로데호텔the Rode Hotel에 체크인했다. 로데호텔은 그 지역에서 가장 좋은 호텔이며 오늘날에도 호텔 슈니베르크호프Schneeberghof라는 이름으로 여전히 성업 중이다. 캄머러는 전에도 이 호텔에 머문 적이 있었다. 그때마다 근처의 산길을 따라 각종 생물 표본, 특히 도롱뇽을 수집하곤 했다. 다음 날 아침 캄머러는 호텔 뒷산으로 이어지는 좁은 오솔길을 따라 산행에 나섰다. 1시간 후, 그는 테레사 바위라고 불리는 곳에 도달했다. 발끝 아래 그림 같은 마을 절경이 눈에 들어왔다. 옛날부터 테레사 바위는 사람들이 절벽 아래로 투신하여 스스로 생을 마감하는 장소로 유명했다. 캄머러는 바위를 등지고 앉아 리볼버를 꺼내 들었다. 그러고는 자신을 향해 방아쇠를 당겼다. 그의 시체는 몇 시간 후 등산로 관리 책임자에 의해 발견될 때까지 총을 쥔 채 그곳 앞에 앉아 있었다.

캄머러가 자살했다는 소식이 전해지자 여러 나라의 언론이 취재에 나섰다. 이 생물학자는 불과 3년 전인 1923년 5월 5일《뉴욕월드》에서 '금세기 가장 위대한 인물'로 선정되었던 인물이었다.《뉴욕타임스》또한 그를 '제2의 다윈'이라고 칭송한 바 있다.[2] 그러나 캄머러가 자살하기 6주 전, 뉴욕자연사박물관 소속 노블G. K. Noble의 논문 한 편이 저명한 과학 잡지《네이처》에 게재되었다. 노블은 캄머러가 표본에 인디아 잉크를 주입하여 결과를 조작했다고 고발했다.[3] 결과적으로 캄머러는 20세기 과학사의 가장 큰 스캔들 중 하나인 이 사건에 휘말린 끝에 완전히 몰락했다. 더 이상 생물학자들은 캄머러의 방대한 연구 성과를 인용하지 않게 되었다. 이제 그의 이름은 그가 정력적으로 옹호했던 획득 형질의 유전설이 얼마나 잘못된 이론인가를 보여주기 위한 맥락에서만 소환된다. 한 가지 예외적인 사례는 1971년 아서 쾨슬러Arthur Koestler가 캄머러에 대해 쓴 책일 텐데, 이 책에서 쾨슬러는 캄머러의 우파 연구조교가 산파두꺼비 표본에 잉크를 주입하여 좌파 성향의 캄머러를 모함했던 것은 아닌가 하는 의혹을 제기했다.[4] 그러나 쾨슬러는 생물학자가 아닌 소설가였다. 따라서 그의 책은 주류 과학계에서 캄머러의 명예를 회복시키는 데에는 아무런 도움이 되지 못했다. 라마르크처럼 캄머러 또한 획득 형질의 유전 개념과 밀접하게 엮인 인물로 기억되고 있다.

유전학에 대한 우리 이해의 변화, 특히 후성유전학의 등장은 우리로 하여금 캄머러 사건을 재검토하도록 만들고 있다.[5] 아마도 일련의 정치적인 변화 또한 이러한 재검토를 추동하고 있는 것 같다. 소련에서 캄머러는 투철한 사회주의자로 칭송된 바 있다. 후대에 그의 이름은 종종 트로핌 리센코와 연결되기도 했는데, 둘 다 서방에서는 평판이 영 좋지 못하다. 캄머러의 주장은 아직까지 철저하게 재검토되지 않았으며, 그는 여전히 신용할 수 없는 과학자로 치부되고 있을 따름이다. 캄머러는 확실히 인간적으로 수많은 실패를 겪은 기인이었다. 하지만 캄머러의 실험들이 과연 "사기였는가, 후성유전학이었는가?"라고 묻는 2009년《사이언스》논문이 출간된 후, 캄머러의 실험이 새롭게 조명되고 있다.[6] 케임브리지대학교의 저명한 발달생물학자이자 후성유전학자인 아짐 수라니Azim Surani는 그 논문에서 다음과 같이 썼다. "만약 누군가가 정말로 캄머러의 실험을 반복해 본다면 대단히 흥미로운 일이 될 것이다. 나는 그가 옳았다고 밝혀지더라도 놀라지 않을 것이다."[7] 그리고 같은 해에 예일대학교의 생태학 및 진화생물학 교수인 귄터 바그너Günter P. Wagner는 생물학자들에게 "현대 분자 기술을 통해 캄머러의 실험 결과들을 후성유전적 유전의 사례로서 재검토"해 볼 것을 촉구했다.[8]

주류 생물학계가 얼마나 파울 캄머러의 연구를 기피해 왔는지 잘 알게 된 개인적인 일화가 있다. 2013년에 나는 하버드대학교 비교동물학박물관the Museum of Comparative Zoology, MCZ 부속 도서관에서 캄

오스트리아 생물학자 파울 캄머러.

머러의 1924년 저서 『획득 형질의 유전』을 대출했다. 이곳 MCZ는

에른스트 마이어^{Ernst Mayr}, 스티븐 제이 굴드^{Steven Jay Gould}, 에드워드

윌슨Edward O. Wilson, 리처드 르윈틴Richard Lewontin 등 지난 세기 진화론과 생물학적 유전 분야에서 가장 저명한 전문가들의 본거지였다. 캄머러의 저서는 에른스트 마이어가 MCZ에 기증한 개인 장서들 가운데 한 권이었다. 그러나 마이어 본인은 결코 이 책을 읽지 않았다. 내가 2013년에 이 책을 확인했을 때, 그 페이지들 다수가 개봉되지 않아 읽을 수 없는 상태였다. 다만 과거에 이 책을 소장했던 잠정적 독자 한 명이 첫 번째 페이지에 다음과 같은 수기를 남겼다. "1927년 부정행위(결과를 조작함)를 한 것으로 몰려 자살함. 그러나 부정행위를 했는지 여부가 의심의 여지 없이 밝혀진 것은 아님." (이 수기를 작성한 사람은 연도를 틀렸다. 캄머러가 자살한 해는 1926년이었다.) 물론 마이어나 하버드의 다른 학자들이 다른 경로로 이 책을 구해 읽었을 가능성도 없지 않다. 어쨌든 확실히 그들은 캄머러와 그의 견해를 알고 있었다(거의 모든 생물학자가 알고 있었다). MCZ 대출 창구의 신중한 책임자인 로니 브로드풋Ronnie Broadfoot은 페이지들이 개봉되어 있지 않다는 것을 알아차렸고, 내가 부주의하게 페이지를 잘라 책을 손상시킬까 염려하여 대출 절차를 중단했다. 브로드풋은 자신이 직접 개봉을 감독할 테니 몇 시간 후에 다시 와달라고 말했다. 나는 그의 지시를 따랐고 결국 이 도서관에서 90여 년 만에 캄머러의 책을 읽게 된 첫 번째 독자가 될 수 있었다.

책은 여러모로 놀라웠다. 적어도 사료로서 주목할 만한 가치는 충분했다. 오늘날 우리 시대의 과학 출판물에는 어떠한 정치적·사회적 논평도 존재해서는 안 된다. 캄머러가 살았던 세계는 달랐다.

이 책은 크게 두 부분으로 구성되어 있다. 첫 번째는 '생물학 파트', 두 번째는 '우생학 파트'라는 제목이 달려 있다. 제목만 보아서는 다소 오해의 소지가 있으나 두 부분 모두 실제로는 대단히 정치적이다. 캄머러는 과학과 정치가 서로 얽혀 있다고 믿었음이 분명하다. 전체적으로 그는 라마르크주의적 우생학(그는 라마르크의 견해를 부정했던 일반적인 형태의 우생학을 강하게 반대했다)을 주장했다. 많은 사람이 적어도 '생물학 파트'는 과학적인 내용으로 가득할 것이라 예상할 것이다. 그러나 그 안에는 '과거의 노예인가 미래의 선장인가?'라는 제목의 절 안에 다음과 같은 내용이 포함되어 있다.

> 만약 획득한 형질이 경우에 따라 유전된다면, 우리는 과거의 노예, 즉 우리 자신의 족쇄로부터 벗어나기 위해 헛된 노력을 기울이는 그런 노예가 아니라는 점이 분명해진다. 오히려 우리는 미래를 향해 항해하는 선장이다. 시간의 경과 속에서 우리에게 주어진 무거운 짐으로부터 우리 스스로를 얼마간 해방시킬 수 있고, 스스로를 점점 더 높은 발전의 층위로 고양시킬 수 있는 선장 말이다. 오직 교육과 문명, 위생과 사회적 노력 같은 성과들만이 개인을 이롭게 하는 것이 아니다. 모든 행동, 모든 말, 심지어 모든 생각은 해당 세대에 유전적으로 각인될 수 있다.[9]

과학적 실험을 다루는 내용을 살펴보자. 캄머러의 연구와 관련하여 가장 널리 알려진 산파두꺼비에 할애된 부분은 전체 414페이지 가운데 약 15페이지에 불과하다. 오히려 이 책은 딱정벌레, 나비, 도마뱀, 닭, 멍게, 짚신벌레, 애벌레, 폴립, 개구리, 옥수수, 소나무, 이, 토끼, 그리고 인간 등 다양한 유기체를 대상으로 획득 형질의 유전에 대해 논의한다. 그리고 캄머러가 인간의 사례를 다루는 부분은 대개 그의 추측에 근거하고 있다. 그는 다윈주의(캄머러는 획득 형질의 유전이 다윈주의의 중요한 일부분이라고 이해했다)가 사회주의 및 마르크스주의와 완전히 양립할 수 있다고 보았다. 캄머러에 의하면 "진정한 다윈주의"란 "사회주의와 비슷한 것"이다.

> 진정한 다윈주의는 '상향 지향적 발전'을 그 원칙으로 삼으며, 개별 인간뿐 아니라 대중과 관련된 것이어야만 한다. 그렇지 않으면 그것은 본래의 목표를 잃어버리게 될 것이다. 이러한 해석에 비추어 볼 때, 자연선택론이 사회주의적이지 않다고 할 수 없는 것이다. 왜냐하면 '최고의 인간이 승리하도록 하라'라는 그 구호는 출생과 재산에 따른 특권, **내적**(저자 그레이엄의 강조)이고 외적인 상속에 따른 특권에 반대하기 때문이다. 계급투쟁은 생존을 위한 진정한 투쟁이다. 그것은 폭력이 아닌 정신의 무기로 벌이는 경쟁이며, 피 흘릴 필요 없는 적극적인 선택이다. 이것이 바로 적자생존이다.[10]

역사학자들은 보통 사회적 다윈주의가 보수적인, 심지어 우파적인 견해라고 생각한다. 하지만 캄머러는 그것이 본질적으로 좌파적인, 심지어 마르크스주의적인 것이라고 보았다.[11]

캄머러의 진지한 정치적 헌신이 획득 형질의 유전에 대한 그의 옹호와 불가분의 관계에 있었다는 점을 이해했다면, 그가 획득 형질의 유전에 불리한 과학적 증거들을 불편해했을 것이라고 의심해 봄 직하다. 캄머러가 과도한 열정을 가지고 과학을 통해 정치적인 주장을 펼쳤다는 사실을 감안할 때, 그의 과학적 주장 자체도 의심해 봐야 한다는 목소리도 어쩌면 정당한 것일지 모르겠다. 그러나 시간이 지나 21세기에 후성유전학에 의해 획득 형질의 유전이 보다 신빙성 있는 이론으로 인식되자, 과학자들은 어쩌면 당연하게도 캄머러가 옳았을 수도 있다고 생각하기 시작했다.

캄머러의 책은 추측들로 가득 차 있으며 그중 일부는 꽤나 극단적이다. 그는 둥근 두개골을 가진 인간이 타원형으로 긴 두개골을 지닌 인간보다 더 우수한 두뇌 능력을 가지고 있다고 믿었으며, 하층 계급 아이들이 긴 두개골로 인해 불이익을 받게 된 데에는 사회경제적인 이유가 있다고 보았다. 가난한 가정의 아이는 딱딱한 베개 위에서 자거나 아예 베개 없이 잘 수밖에 없는 데에 반해, 부유한 집 아이들은 부드러운 베개를 사용함으로써 둥근 두개골과 더 큰 두뇌 능력을 발전시킬 수 있다는 것이다. 캄머러에 따르면, 아마도 사회주의가 실현되어 가난한 사람들이 부드러운 베개를 살 수 있게 될 때, 이 모든 것은 달라질 수 있을 것이다. 그는 심지어 백인 '코카서스인'이 극동 지역에서 식민지 개척자로 충분히 오래 살게 된다면, 환경의 영향으로 인해 '눈꼬리가 기울어진 눈'을 갖게 될 것이라고 주장했다. 비슷한 맥락에서 그는 비록 자본주의의 본거지였지만,

'인종의 용광로melting pot 미국'을 마지못해 칭찬하기도 했다.* 캄머러는 다양한 지리적·유전적 기원을 갖는 사람들이 아메리카 대륙의 공통적인 지리적 환경에 처하게 될 때, 유럽계 민족이 쇠퇴하고 "아메리카 원주민의 특정한 신체적·정신적 특징이 다시 부활하는" '새로운 창조'로 이어질 수도 있다는 가설을 흥미롭게 여겼던 것이다.12

우리는 이 모든 사례로부터 캄머러가 믿을 만한 근거에 입각하여 엄격한 분석을 추구하는 과학자들과는 그 결을 달리하는 과학보급자popularizer 혹은 추론가speculator였다는 점을 알 수 있다. 주류 과학계가 획득 형질의 유전에 대한 그의 주장을 결코 받아들이지 않았다는 점은 전혀 놀랍지 않다. 그럼에도 그는 도롱뇽, 멍게, 그리고 다른 유기체들을 다룰 줄 아는 숙련된 실험자experimenter였다. 우리는 오늘날까지 캄머러의 실험들 가운데 일부라도 유효한 것들이 있는지를 온전히 알지 못한다.

캄머러를 둘러싼 논란들은 그가 생을 마감했던 작은 마을까지 그를 쫓아왔다. 시신의 주머니에서 발견된 쪽지에서 캄머러는 자신의 시신을 비엔나의 자택으로 돌려보내지 말고 푸흐베르크에 묻어달라고 부탁했다. 그러나 현지 가톨릭 묘지에 그를 안치하는 데에

---

* 여기서 캄머러가 말하는 '멜팅폿'은 통상적인 용례처럼 문화적·인종적 다양성의 혼재 및 융합을 지칭한다기보다는 미국의 환경적 다양성과 관련이 있다. 미국의 다양한 환경과 기후가 획득 형질의 유전설에 의해 미국으로 이주하게 된 다양한 사람들에게 일정 정도 유전적인 영향을 끼침으로써 하나의 새로운 유전적 '용광로(멜팅폿)'를 형성한다는 의미이다. ― 옮긴이

는 몇 가지 어려움이 따랐다. 어쨌든 캄머러는 무신론자이자 사회주의자였으며, 스스로 목숨을 끊음으로써 가톨릭 교리에 따라 죄를 범했다. 푸흐베르크에는 묘지가 하나 있었는데, 담당 신부는 캄머러를

파울 캄머러의 무덤. 저자 촬영.

그곳에 매장하기를 꺼렸다. 마침내 신부는 캄머러의 매장에 동의했지만, 그의 시신은 '자살자 묘역'이라 불리는 구역에 안치되었다. 그의 무덤 맡에는 제대로 된 묘비 대신에 이름만 있고 생몰년은 새겨지지 않은 거친 바위 하나가 세워졌다.

당시 비엔나에는 여전히 캄머러를 존경하는 많은 좌파 예술가와 문인이 있었다. 캄머러가 불명예스럽게 묻혔다는 소식은 이들을 불편하게 하기에 충분했다. 이들 중 일부는 조각가에게 의뢰하여 크고 웅장한 캄머러의 흉상을 제작해 그가 생의 마지막 밤을 보낸 호텔 정원에 설치했다. 이 흉상은 오늘날에도 여전히 같은 자리를 지키고 있다. 푸흐베르크의 한편에는 캄머러에 대한 모욕적인 기억이, 다른 한편에는 그에 대한 추모가 아로새겨져 있다.

그가 죽기 몇 달 전인 1926년 5월, 캄머러는 소련을 방문했다.[13] 이 방문은 러시아에서 캄머러에 대한 관심을 촉발시켰으며, 그에 대한 관심은 오늘날에도 완전히 사라지지 않았다(러시아 여행사 모신투어MOSINTOUR는 현재 전간기 유전학 발전과 관련된 유럽 내 몇몇 주요 장소들을 방문하는 '파울 캄머러 투어' 서비스를 제공하고 있다).[14] 캄머러가 모스크바에 있는 동안, 그는 소련 교육부 장관 아나톨리 루나차르스키Anatoly Lunacharsky와 회동했다. 루나차르스키는 교양 있는 지식인으로서 문화와 과학에 깊은 관심을 가지고 있었다. 훗날 그의 직위는 그에 비해 훨씬 덜 세련된 인물들로 교체되었다. 루나차르스키는 회고록에서 캄머러와의 첫 만남을 다음과 같이 묘사했다.

파울 캄머러를 기념하는 흉상 옆에 선 저자. 저자 촬영.

어느 멋진 날, 훤칠하고 지적인 얼굴을 한 키 큰 남자가 내 사무실을 찾

아왔다. 나는 그때 이미 캄머러 교수에 대해 꽤 많은 것을 파악하고 있

었다. 나는 그가 유럽에서 획득 형질의 유전을 지지하는 위대한 학자

중 한 명이라는 점을 알고 있었다. 또한 그가 소비에트연방의 훌륭한 친구라는 점, 그리고 그가 주요 연구 시설을 모스크바로 이전하고 싶다는 제안을 해왔다는 점도 알고 있었다. 우리는 오래도록 유익한 대화를 나누었다.[15]

대화 주제는 도대체 왜 서방 유전학자들은 그토록 획득 형질의 유전 이론을 거부하는가였다. 러시아에서 연구를 하게 될 경우 캄머러는 루나차르스키가 자신을 후원해 주기를 희망했다. 캄머러는 의심의 여지 없이 루나차르스키의 환심을 사려 했다. 이에 그는 서방 유전학자들의 저항을 마르크스주의적인 용어로 설명했다.

제 생각에 획득 형질의 유전 이론에 대한 적개심은 당신이 정확히 지적하신 것처럼 계급적 적대감의 발로입니다. 만약 동식물의 세계의 모든 발전이 외부 환경과 무관하며, 우리가 잘 알지 못하는 생식질의 변화에 의한 어떤 불가사의한 선택의 결과일 뿐이라면, 우리에게 남는 것은 과학의 이름으로 '신의 섭리'를 운운하는 케케묵은 관점밖에 없을 것입니다.[16]

캄머러는 소련과 같은 사회주의 사회가 생활 여건을 개선하고 유전적으로도 효과적인 '올바른' 교육 시스템을 구축함으로써 "미래의 모든 인류를 변화"시킬 수 있는 기회를 갖게 될 것이라고 설명했다.

루나차르스키는 이러한 비전에 매료되었다. 1920년대까지는 소련에서 캄머러가 묘사한 형태의 라마르크주의적 우생학이 여전히 주장될 수 있었다. 훗날 러시아와 독일에서 각각 스탈린주의와 파시즘이 대두되자 비로소 소련의 이데올로그들은 모든 형태의 우생학을 비난하게 된다. 리센코 또한 이러한 반우생학적 흐름에 동참하여 심지어 자신의 이론으로부터 파생된 형태의 우생학과도 완전히 선을 그었던 것이다. 그러나 1920년대에는 인간 사회에 적용 가능한 유전학이라는 관점이 여전히 많은 소련 지식인에게 매력적으로 느껴지던 시기였다.

캄머러는 루나차르스키에게 자극적인 용어를 써가며 서유럽 신다윈주의에 입각한 사회란 어떠한 사회인지 설명했다.

> 신다윈주의 관점에서 볼 때, 사회란 크림이 최상층으로 떠오르는 우유 용기 같은 것이라고 말씀드릴 수 있겠습니다. '지적 능력을 상속한' 귀족들, 거대한 부르주아 기업들, 지식인 관료들이 최상층에서 크림을 독식하는 것이지요. 그리고 불현듯 발생하는 혁명이란 이 모든 것을 뒤섞어 버리는 거대한 숟가락 같은 것입니다.[17]

훗날 루나차르스키는 이 만남을 회상하면서, 당시 자신이 생물학에 대해 거의 알지 못했음을 인정했다. 그는 캄머러 스캔들을 염두에 둔 듯 공산주의자들이 설마 "특정한 결론이 프롤레타리아 계급에게 불리하게 해석될 수 있다고 한들 과학 자체를 왜곡하지는 않을 것"이라 믿었다고 적었다.[18] 그럼에도 이유 여하를 막론하고 그는 캄머러의 관점에 "무한히 공감"했다고 시인했다.

이 만남은 루나차르스키에게 깊은 인상을 남겼다. 몇 달 후 그가 캄머러의 자살 소식을 들었을 때, 루나차르스키는 이 만남을 다시 떠올렸다. 그는 서방의 일부 세력이 "캄머러의 사회적·사적인 삶에 대한 부정적인 소문"을 퍼뜨림으로써 그의 과학뿐 아니라 인간됨까지 폄하하려 한다고 생각했다.[19] 캄머러가 여성 편력이 있었다는 점은 확실히 사실이다. 심지어 그의 딸 라케르타Lacerta(캄머러가 가장 좋아하는 도마뱀의 이름을 땄다)조차도 이를 인정한 바 있다. 대체로 연루된 여성들 쪽을 비난했지만 말이다.

> 아버지는 여성들을 끌어들이는 자신의 매력을 너무나 당연하게 여겼어요. 극소수의 예외를 제외하고는 여성들을 정복하기 위해 어떠한 노력도 기울이지 않으셨죠. 그럼에도 아버지는 사람들을 편안하게 하는 타고난 성품으로 수많은 여성을 정복해 버렸지요. (…) 그렇게 여성들이 아버지에게 빠져버린 거에요! 저는 그들이 온갖 핑계를 대며 '아버지의 눈에 띄려고' 노력했던 것을 기억합니다.[20]

캄머러의 불안정한 사생활의 예로 그가 작곡가 구스타브 말러Gustav Mahler의 과부 알마 말러Alma Mahler와 맺은 관계를 들 수 있다. 비엔나의 팜파탈 알마 말러는 차례로 구스타프 말러, 건축가 발터 그로피우스Walter Gropius, 소설가 프란츠 베르펠Franz Werfel과 결혼했고,

예술가 오스카 코코슈카Oskar Kokoschka를 포함한 여타 다수의 유명인
과 교제했다. 1911년 알마는 파울 캄머러의 비엔나 실험실에서 그
의 조수로 일한 바 있다. 둘 사이에 열정적이고 격동적인 열애가 펼
쳐졌다. 캄머러는 알마에게 청혼하며, 만약 그녀가 받아주지 않는다
면 구스타프 말러의 무덤 앞에서 자살하겠다고 맹세했다. 알마는 어
디 한번 죽어보라고 응수했다. 캄머러는 물러섰고, 얼마 후 그다음
에 올 또 다른 위태로운 관계를 향해 나아갔다.

　모스크바의 루나차르스키는 캄머러에 관한 이런저런 이야기들
을 들어 알고 있었지만 그를 비난하지 않았다. 오히려 루나차르스키
는 이것이 프로파간다의 소재가 될 수 있다고 보았다. 그는 영화 제
작이라는 예술적인 과정을 좋아했으며 이미 유명한 멜로드라마 〈곰
의 결혼식〉을 포함한 여러 편의 영화 대본을 집필한 바 있었다.[21] 그
는 이 몰락한 사회주의자 겸 생물학자가 구원받는 영화를 구상하며,
루나차르스키 본인과 아내가 배우로 직접 출연할 계획을 세우기까
지 했다. 또 〈곰의 결혼식〉의 시나리오 작가 게오르기 그렙너Georgii
Grebner와 의기투합했다. 루나차르스키는 과학을 찬양하고, 동시에 가
톨릭교회, 부르주아 계급, 그리고 떠오르는 파시즘과 같은 악의 세
력들을 비판하는 데에 이 영화를 활용할 생각이었다. 그는 회고록에
"다음과 같은 종류의 영화를 상상했다"라고 썼다.

　　영화의 중심에는 교수이자 매력적이고 재능 있는 과학자인, 대단히 진
　　보적이며 노동계급과 깊이 연결된 한 인물이 위치한다. (…) 교회는 파

시스트적 성격의 애국정당을 운영했다. 이 정당은 교수가 재직 중인 대학교에 지부를 두고 있었는데, 학생들 사이에서 그 영향력이 상당했다. 또한 교회는 대학 내에서 신학 교수인 한 신부를 통해 영향력을 행사했다. 공교롭게도 이 신부는 생물학계에서도 저명한 위치를 차지하고 있었다. 이 신부가 바로 교수 겸 혁명가인 주인공의 주적이며, 하루라도 빨리 교수를 파멸시키기 위해 복잡한 음모를 펼치는 인물이다. (⋯) 파시즘은 해당 지역의 한 왕자를 통해 체현된다. 나는 귀족이자 열렬한 가톨릭교도이며, 도박꾼, 난봉꾼, 사기꾼으로 전 세계에 널리 알려진 리히텐슈타인 왕자에 모티브를 두고 이 왕자 캐릭터를 구성했다.”[22]

루나차르스키는 일전에 독일의 좌파 영화 제작사인 프로메테우스필름Prometheusfilm과 함께 작업한 적이 있었고, 다시 한번 이 제작사에 자신의 영화 제작을 의뢰했다.[23] 독일인 제작자들은 오래된 대성당과 중세풍의 시가지가 인상적인 도시 에르푸르트Erfurt를 주 촬영지로 선정했고, 몇몇 장면은 독일 내 다른 도시에서 촬영하기로 했다. 러시아 출신으로 평생 스무 편 이상의 소련 영화를 제작한 유명 영화감독 그리고리 로샬Grigorri Roshal'이 감독을 맡았다. 배우 베른하르트 괴츠케Bernhard Goetzke가 주연으로 참여하여 교수(캄머러) 역할을 소화했다. 비록 유성영화의 등장 이후 하락세를 겪었지만 괴츠케는 독일 무성영화계 최고의 스타였으며 루나차르스키의 무성영화 〈살라만드라Salamandra〉는 그의 마지막 작품들 중 하나였다.

영화에서 교수에 대한 음모는 결국 성공을 거두게 된다. 그의

소련 정치위원 아나톨리 루나차르스키와 그의 아내 나탈리야 로제넬(Natalya Rozenel).(1927)

적들은 교수의 도롱뇽 중 한 마리에 몰래 잉크를 주입하여 획득 형질의 유전을 증명하는 도롱뇽 피부의 점들spots을 가짜로 만들어 냈다. 그들은 공개적으로 도롱뇽에게 찍힌 잉크를 씻어내고 교수가 사기꾼이라고 폭로한다. 영화는 많은 면에서 실제로 벌어진 일과는 다르게 펼쳐지는데, 특히 그 극적인 결말이 그러하다. 박해를 당한 교수는 자살을 하는 대신, 모스크바에 도움을 요청한 옛 제자에 의해 구원을 받는다. 그 후 교수는 다름 아닌 소련 교육부 장관 루나차르스키로부터 한 통의 전화를 받게 되고, 장관은 교수가 획득 형질의 유전을 증명하기 위한 과학적 실험을 이어나갈 수 있도록 그를 모스크바로 초청한다. 마지막 장면은 교수와 그를 구한 여성 제자가 '천재가 그 가치를 인정받는 나라'로 묘사되는 소비에트연방을 향해 기차를 타고 떠나며 여행을 만끽하는 것으로 마무리된다.

이 영화는 1929년 러시아에서 히트를 쳤고 독일에서도 상영되었다. 훗날 나치당의 일원이 되는 독일의 생물학자이며 유전학에 기반한 인종주의를 주장했던 프리츠 렌츠Fritz Lenz는 이 영화를 보고 격분했다. 그는 자신의 일기에 여덟 쪽에 달하는 영화 비평을 남겼다. 그는 "캄머러와 관련된 사람들은 모두 유대인, 볼셰비키, 그리고 잘못된 정치관을 악의적으로 선동하는 분자들"이라고 주장했다. 캄머러가 '반半유대인'이라는 점도 덧붙였다. 특히 그는 라마르크주의가 "독일의 환경에 살고 독일의 문화에 적응하면 진정한 독일인이 될 수 있을 줄 아는" 유대인들의 환상을 반영한다고 일갈했다.[24]

1929년 영화가 지역 극장에서 상영되는 동안 레닌그라드에서는 유전학 학회가 열리고 있었다. 학회 참가자의 대부분은 러시아인이었지만, 저명한 유전학자 리처드 골드슈미트Richard Goldschmidt를 비롯한 외국인 몇 명이 참석하기도 했다. 당시 골드슈미트는 렌츠가 말하는, 독일에 살고 있던 유대인 중 한 명이었다. 당연히 골드슈미트와 렌츠는 가까운 사이가 아니었다.[25] 골드슈미트는 당시 베를린의 카이저 빌헬름 생물학 연구소the Kaiser Wilhelm Institute of Biology의 연구원이었다. 이후 1935년 그는 독일의 반유대주의를 피해 미국으로 이민을 떠나게 되며, 캘리포니아대학교 버클리 캠퍼스에서 탁월한 과학자로 활동하게 된다.

골드슈미트와 렌츠는 비록 그 정치관은 상이했지만 캄머러를 비판했다는 점에서는 일치했다. 골드슈미트는 러시아에서 열린 유전학 학회 기간 중 겪은 자신의 경험을 다음과 같이 회상했다.

> 어느 날 나는 내 친구 필립첸코Philipchenko와 함께 거리를 걷다가 한 영
> 화관 앞에서 영화 〈살라만드라〉의 거대한 포스터를 보았다. 포스터는
> 이 무해한 동물, 즉 도롱뇽의 사진들로 장식되어 있었다. 나는 깜짝 놀
> 라 이에 대해 물어보았고 내 친구는 내게 답하며 영화를 한번 보자고
> 제안했다. 우리는 함께 영화를 관람했고 내 친구가 대사를 해석해 주었
> 다. (…) 영화는 획득 형질의 유전설을 선전하는 프로파간다 영화 그 이
> 상도 이하도 아니었다. 영화는 영화적 이야기를 위해 캄머러와 그의 도
> 롱뇽의 비극적인 이미지를 산파두꺼비와 마구 뒤섞어 활용했다.[26]

서방 생물학계에서 캄머러의 명예가 완전히 실추된 이후에도
러시아에서는 그에 대한 연민이 수십 년간 지속되었음을 살펴보았
다. 이러한 동정심의 흔적은 오늘날에도 여전히 발견된다. 러시아의
현행 『의학백과Meditsinskaia entsiklopediia』에는 캄머러의 결백을 주장하는
글이 실려 있다.[27] 물론 캄머러가 러시아 과학계에 미친 영향은 리센
코의 영향력에 비할 바가 아니다. 하지만 그를 향한 동정심의 이면
에 위치한 몇 가지 요소는 리센코주의의 부활과도 일맥상통함을 우
리는 곧 확인하게 될 것이다.

4장 | 1920년대
러시아 인간 유전 대논쟁[1]

> "획득 형질의 유전설은 우리에게 구원의 메시지를 준다. (⋯) 우리는 인간의 행적
> 과 사유가 미래 세대에게 전해져 '숭고한 인간'이 등장할 것이라 기대할 수 있을
> 터이다."
> — 파울 캄머러[2]

1926년 파울 캄머러가 러시아에 도착했을 때, 그는 획득 형질의 유
전에 대한 자신의 생각이 인간 유전human heredity과 그 함의를 둘러싼
거대한 논쟁의 한가운데에 놓여 있음을 발견했다. 캄머러는 한편으
로 자신의 견해가 서유럽보다 러시아에서 더 높이 평가되고 있다는
점에 기뻐하면서도, 동시에 그 논쟁의 복잡성에 경악을 금치 못했
다. 너무나 다양하고 상이한 관점이 앞다투어 다루어지고 있었으며,
그 모든 논의의 결을 따라가기란 대단히 어려운 일이었다. 때때로
러시아인들은 정치와 과학이 서로 얽혀 있다는 캄머러의 믿음을 정
작 캄머러 본인은 상상해 본 적 없는 수준으로 강렬하게 수용했다.
리센코가 출현하게 된 지적 토양을 이해하기 위해서는 이 인간 유전
대논쟁을 반드시 검토해야 한다.

콜초프를 비롯한 소수의 비非마르스크주의적 멘델주의 유전학자들, 즉 고전유전학자들은 획득 형질의 유전을 인정하지 않았으며, 당시 서유럽과 미국에서 회자되던 것과 동일한 우생학이 러시아에서도 실현될 수 있기를 희망했다. 콜초프는 몇몇 구체적인 유전적 특징을 우수한 것으로 여기면서, 인간 유전자의 독립성과 중요성을 강조했다. 콜초프에 따르면 사회적·정치적 환경은 인간의 유전과 무관하다. 유전자가 중요한 것이다. 콜초프의 지지자들은 어떻게 이러한 멘델주의적 우생학을 인간에게 적용할 수 있을지 고민했다. 그것은 포지티브한positive 방식('우수한' 상대와 성관계 맺기를 장려)으로 적용되어야 하는가 아니면 네거티브한negative 방식('열등한' 상대와의 성관계를 금지)으로 운용되어야 하는가?*

한편 마르크스주의를 신봉하는 고전유전학자들도 있었다. 빈번

---

* 본문의 설명처럼 우생학에는 두 가지 흐름이 존재했다. 유전적으로 '우수'하고 '우월'한 개인들이 자신과 비슷하게 '우수'하고 '우월'한 사람들과 만나 재생산할 수 있도록 유도하는 것이 첫 번째 방향이다. 예를 들어 20세기 초 미국의 백인들은 백인끼리 만나 결혼하도록 장려되었다. 이로써 자신들이 가진 유전적 '우월함'을 훼손하지 않을 수 있다는 것이다. 다른 한편 우생학은 '열등'한 개인들이 재생산하는 것을 금지하고 억압하는 방향으로도 나아갔다. 예를 들어 미국의 백인 의사들이 인구 과잉 문제를 해결한다는 명목으로 흑인 여성이나 라틴계 여성을 강제로 불임 시술한 역사를 생각해 볼 수 있다. 이를 통해 '열등한' 유전자가 후세대로 전달될 가능성을 원천적으로 차단하겠다는 것이었다. 학계에서는 우생학의 첫 번째 흐름을 'positive eugenics'라고 부르고, 두 번째 흐름을 'negative eugenics'라고 부른다. 여기서 'positive'는 특정한 재생산이 발생할 수 있도록 장려한다는 점, 반대로 'negative'는 특정한 재생산이 일어날 수 없도록 금지한다는 점에 방점이 찍혀 있는 용례이다. 이러한 의미의 'positive'와 'negative'를 '긍정적인'-'부정적인'이나 '적극적인'-'소극적인' 등으로 번역할 경우, 그 뜻을 충분히 전달할 수 없어 이 책에서는 부득이하게 의역했음을 밝힌다. — 옮긴이

하게 소련을 방문했던 미국인 멀러H. J. Muller와 러시아인 세레브로프스키, 다비덴코프S. N. Davidenkov 같은 내외국인 학자들이 이 집단에 속했다. 이들 마르크스주의 유전학자들 또한 우생학을 지지했다. 그러나 이들은 경제적 불평등과 특권이 제거된 사회주의 사회에서만 우생학이 올바르게 적용될 수 있다고 믿었다. 이들은 콜초프와 마찬가지로 주로 영국과 미국에서 발전하고 있었던 새로운 유전학적 원리들을 지지했으며 획득 형질의 유전을 거부했다. 이들이 콜초프와 갈라섰던 지점은 정치적인 문제였다. 이들 마르크스주의적 고전유전학자들은 콜초프가 엘리트 부류들을 특권시하는 부르주아 문화의 잔재로부터 벗어나지 못했다고 본 것이다. 우생학적 선택 앞에서 무엇이 '우월'하고 '열등'한지를 과연 누가 결정할 것인가? 마르크스주의 유전학자들이 보기에, 부유한 상인 집안 출신으로 당시 집권 중인 볼셰비키들에게 정치적 충성심을 전혀 갖고 있지 않았던 콜초프 같은 사람들에게 이 결정권을 줄 수는 없는 노릇이었다.

그 외 제3의 그룹이라 할 수 있는 소련의 마르크스주의 생명사회적 우생학자들Marxist biosocial eugenicists은 자신들만의 또 다른 관점을 제공했다. 이들은 새로운 형태의 라마르크주의적 '생명사회 우생학'이 실현되어야 하며 획득 형질의 유전이 그 중심에 놓여야 한다고 믿었다. 캄머러 본인 외에도 러시아인 레빗S. G. Levit, 스미르노프E. S. Smirnov, 베르멜Iu. M. Vermel, 쿠진B. S. Kuzin, 볼로츠코이M. Volotskoi 등이 이 그룹에 속한다고 볼 수 있다. 그들은 모든 사람이 경제적으로 생계를 유지할 수 있고 무료로 교육과 보건의료를 향유할 수 있는 사회를 건설하는 것이 새로운 소비에트연방의 시민들과 그 자손들을 이롭게 할 것이라고 확신했다. 소련 시민의 후손들은 그들 부모 세대가 사회주의 사회에서 살며 획득하게 된 긍정적인 형질을 물려받게 될 것이다. 이렇게 함으로써 소련은 자본주의적 인간과는 정치적으로도 유전적으로도 전혀 다른, 문자 그대로 '새로운 소비에트형 인간A New Soviet Man'을 창출할 수 있다는 것이 이들의 비전이었다.

그러나 바실리 슬렙코프Vasilii Slepkov 등 유전학자가 아닌 인사들로 구성된 마지막 네 번째 그룹은, 어떤 형태의 유전학이든 유전학을 소비에트 사회 발전의 핵심 열쇠로 간주하는 사고방식 자체가 터무니없으며 마르크스주의에 위배된다고 믿었다. 그들은 소련 사회가 유전학 같은 자연과학이 아니라 마르크스주의 정치경제학의 원리에 의해 통치되어야 한다고 주장했다. 지금부터 이들 각 집단을 보다 자세히 살펴보자.

| 멘델주의 유전학

러시아에서 멘델주의 고전유전학자들의 지도자로 떠오른 니콜라이 콜초프Nikolai Kol'tsov(1872~1940)는 모스크바의 한 유복한 가정에서 태어났다. 그는 모스크바대학교에서 비교해부학comparative anatomy과 비교발생학comparative embryology을 공부했다. 석사학위 취득 직후, 콜초프는 독일, 이탈리아, 프랑스의 실험실에서 2년 동안 장학금을 받아 유학했으며, 그곳에서의 세포생물학 연구를 바탕으로 모스크바대학교

대학원에서 학업과 연구를 이어갔다. 이후 콜초프는 자신의 모교에서 여러 해 동안 교편을 잡게 된다.

정치적으로 콜초프는 자유민주주의적 입장에 서서 차르 체제를 비판했으며, 1905년 혁명 전후 각종 시위에 참여한 바 있다. 1917년 제정러시아가 전복된 후, 콜초프는 실험생물학연구소the Institute of Experimental Biology, IEB를 조직하여 유전학과 우생학 연구를 진전시켰다. 얼마 후 그는 러시아우생협회Russian Eugenics Society를 발족시켰고 회장직을 맡았다. 이 협회는 1922년부터 1930년까지《러시아 우생학 잡지the Russian Eugenics Journal》를 간행했다.

콜초프는 우생학에 대한 열정과 획득 형질의 유전설에 대한 반감을 노골적으로 드러내곤 했다. 그는 "우생학은 미래의 종교이며, 예언자들을 기다리고 있다"라고 주장했고,[3] 스스로를 그러한 예언자 중 한 명이라고 여겼다. 콜초프는 우생학을 동물 품종 개량에 관한 과학인 '동물공학zootechnics'의 하위분과로 간주했다.[4] 그는 소싯적에 동물 육종과 인간 육종의 유사성을 보여주기 위해 지구를 정복한 외계인 침략자들이 인간을 노예화시키는 공상적인 이야기를 떠올리기도 했다. 정해진 육종 프로그램에 따라 "한 세기가 가기 전에 인간을 가축화하여, 퍼그나 다른 소형 애완견이 그레이트데인이나 세인트버나드와 구별되는 것처럼 서로 명확히 구분될 수 있는 매우 다양한 인간 종을 여럿 만들어 낼 수 있는" 외계인들이 존재할지도 모른다는 것이다.[5] 물론 콜초프라고 이러한 공상을 기분 좋게 받아들였던 것은 아니다. 그는 인류의 소중한 자유 중 하나가 "배우자를 자

러시아 유전학의 선구자 니콜라이 콜초프.

유롭게 선택할 권리"라고 주장한 바 있다. 그러나 그는 사람들이 우생학적 원리에 대한 충분한 지식을 가짐으로써 자발적으로 인간 종을 향상시키는 방향으로 배우자를 고를 수 있게 되기를 희망했다.

오늘날 역사학자들이 《러시아 우생학 잡지》에 실린 글들을 읽는다면, 콜초프와 그의 동료들이 충격적일 만큼 순진했고 또 정치적 복잡성에 대해서는 무지했다는 점을 확인할 수 있을 것이다. 러시아 혁명 직후 수년간 그들은 귀족과 명문가의 혈통을 걱정했다. 이들은 몇몇 명문 세가 및 19세기 러시아과학아카데미the Academy of Sciences의 구성원 전원의 가계보를 완정된 표로 정리했다(콜초프 본인도 제정 러시아 시기에 과학아카데미의 통신회원이었다). 일부 논자들은 러시아혁명이 초래한 열생적dysgenic, 劣生的 효과에 경악을 금치 못했다. 콜초프는 프랑스혁명을 통해 "프랑스 민족의 정수가 단두대의 이슬로 사라졌다"라고 한탄했다.[6] 그는 1917년 러시아혁명 이후 귀족 및 여타 상류층 가정의 해외 망명이 러시아의 유전적 비축총량genetic reserves에 심각한 손실을 초래했으며, 따라서 우생학적 교정이 필요하다고 주장했다.

아마도 더 즉각적으로 가늠할 수 있는 유전적 손실은 제1차 세계대전으로 인해 러시아가 입게 된 막대한 인명 피해였을 것이다. 절대적인 측면에서 러시아는 다른 어느 나라보다도 훨씬 더 큰 피해를 입었다(상대적인 면에서는 그렇지 않을 수도 있다). 소련의 우생학자 부나크V. V. Bunak는 8년간의 전쟁, 혁명, 내전, 기근이 초래한 유전적 영향의 총합은 같은 시기 "서방의 그것을 능가할 것"이라고 말했다. 이를 통해 전후의 독일이 경험한 바 있는 깊은 우생학적 우려가 러시아 우생학자들 사이에서도 비슷하게 공명하고 있었음을 알 수 있다. 그러나 러시아 우생학자들은 "문화가 발전한 나라일수록 전쟁에 의한 생물학적·유전적 손실이 크다"라는 인식을 갖고 있었으며, 그렇기 때문에 아직 후진적이었던 러시아에는 희망이 있다고 보았다.[7] 콜초프는 환경의 영향이 이러한 피해를 완화시킬 수 있다는 생각에 결코 큰 희망을 걸지 않았다. 획득 형질의 유전에 대한 캄머러의 믿음은 '현대유전 이론'에 의해 이미 반박되었다고 생각했기 때문이다.[8]

《러시아 우생학 잡지》에서 저자들이 자신들의 분야를 지칭하기 위해 주로 사용한 용어는 'ervgenika(우생학eugenics)'였지만, 'rasovaia gigiena(인종위생학race hygiene)'라는 용어도 자주 쓰일 만큼 인종주의에 대한 관심이 널리 퍼져 있었다. 러시아우생협회는 독일 우생학 운동의 주요 관심사를 좇아 '유대인종Jewish race' 연구를 위한 특별위원회를 설치했다. 한 연구에서 특별위원회는 유대인이 결코 다른 민족 집단보다 뒤떨어지지 않는다고 결론지었다.9 이러한 결론에도 불구하고, 러시아 우생학 운동은 인종 간에 정신적이고 생리적인 차이가 존재한다는 입장을 명백히 했다. 콜초프는 고정적이고 분류학적인 인종 정의definition에 바탕을 둔 독일의 인종위생학 교과서들(예를 들어 바우어Baur, 피셔Fischer, 렌츠Lenz에 의한 악명 높은 인간 유전 분야 교과서)로부터 깊은 영향을 받았다.10 《러시아 우생학 잡지》 제1호 전체는 인간 유전과 우생학 분야의 독일 서적 14권에 대한 서평으로 채워졌다.

러시아 우생학 운동의 지도자들은 다른 나라들의 우생협회들과 연계하여 국제적으로 온전히 인정받기를 희망했다.11 정치적·문화적으로 관계를 맺고 있었던 대부분의 강대국들이 이미 수용한 우생학이라는 실천 및 세계관을 소련 정부가 뒤늦게 비판하기 시작했다는 사실조차도 콜초프와 그의 주변 우생학자들을 단념시킬 수 없었다. 그들은 영국의 우생교육협회the Eugenic Education Society, 미국의 우생기록사무소the Eugenic Record Office, 그리고 독일 인종·사회생물학 협회the German Society for Race and Social Biology와 협력관계를 맺었다. 1921년 11월 러시아우생협회는 국제우생연합the International Eugenics Union의 정식 회원단체로 인정받게 된다.

그러나 제1차 세계대전 이후 국제무대에서 볼셰비키 러시아는 (독일과 더불어) 구 연합군 소속 국가들로부터 배척되었다. 이에 소런과 독일은 나란히 1921년 뉴욕에서 열린 제2차 국제 우생학 대회International Congress of Eugenics에 초청받지 못했으며, 이는 콜초프의 심기를 거슬렀다. 이러한 국제사회의 외면은 오히려 버림받은 두 국가인 러시아와 독일 사이의 학문적 연계를 심화시키는 계기가 되기도 했다.

콜초프는 용케 1924년 밀라노에서 열린 제3차 국제 우생학 대회에 초청받았다. 그곳에서 그는 가톨릭교회의 영향력이 지나치게 강하여 학회 참가자들이 우생학의 실천적 조치에 대해 토론하는 과정에서 너무 몸을 사린다고 불만을 표했다. 콜초프는 만약 가톨릭을 믿는 이탈리아인들의 지나치게 소극적인 태도가 하나의 극단이라면, 반대편 극단에는 강제 불임을 법제화한 미국인들의 접근법이 있다고 지적했다. 미국과 독일의 과학자들은 아무도 이 학회에 참석하지 않았는데, 콜초프에 따르면 미국식 불임 제도를 긍정적으로 이야기하는 참가자는 단 한 명도 없었다고 한다. 그러나 같은 해에 정작 콜초프는 "동료 의사들에게 (…) 결함이 있는 사람들을 색출하여 (…) 최대한 불임 시술을 시켜야 한다고" 호소하는 한 독일인 의사의 글을 자신의 잡지에 게재했다.[12]

콜초프와 같은 러시아 우생학자들이 일반적으로 국제 우생학 운동, 더 구체적으로는 독일의 우생학 운동과 많은 공통점을 공유했지만, 그렇다고 이들을 일종의 파시스트로 보는 것은 지나친 과장이다. 러시아 우생학자들과 초기 파시즘 사이의 실질적인 연결고리를 찾기란 쉽지 않다. 당시 러시아의 우생학 단체들과 유사한 조직들은 대부분의 서방 국가에도 존재했으며, 실제로 영국과 미국에서 훨씬 더 강한 영향력을 발휘하고 있었다. 그러나 콜초프와 그의 동료들이 인간의 가치에 대한 잘못된 정의에 입각하여 극단적인 우생학적 수단들을 옹호하는 데까지 너무 멀리 가버렸다는 사실을 간과해서도 안 될 것이다. 신생 소비에트 혁명 국가는 적어도 원칙적으로는 하층 프롤레타리아 계급을 옹호했다. 콜초프 등 우생학자들이 국가와 겪게 될 불화는 어쩌면 불가피한 것이었으리라.

| 마르크스주의적 멘델주의 유전학자들과 우생학자들

1920년대 러시아의 마르크스주의적 유전학자들과 우생학자들은 콜초프와는 첨예하게 다른 관점을 갖고 있었다. 무엇보다도 이들은 러시아혁명이 열생적 효과를 갖는다는 인식에 동의할 수 없었다. 이들은 소비에트 러시아에 도움이 될 수 있는 전혀 다른 종류의 우생학을 정립하길 원했다. 이러한 이들 가운데에는 멀러, 세레브로프스키, 다비덴코프가 포함되어 있었다.

1927년 노벨상을 수상하게 되는 멀러는 1922년 그 유명한 토머스 헌트 모건의 컬럼비아대학교 실험실의 노랑초파리Drosophila melanogaster 샘플을 가지고 소련을 찾았다. 모건의 실험실은 염색체 연구를 선도하던 곳이었다. 멀러는 마르크스주의자이자 소련에 동조적이었지만 열렬한 우생학자였다. 그는 러시아 유전학자들을 도와 새로운 유형의 소련 시민을 창조하는 데 모건의 염색체 연구를 적용

양복과 넥타이 차림의 미국인 노벨상 수상자 멀러.

하기를 원했다. 멀러는 소련에서 이처럼 마르크스주의적이면서 동시에 멘델주의적인 새로운 유형의 우생학이 발전할 가능성에 큰 기대를 걸었다. 이러한 우생학은 미국 같은 자본주의 사회에서는 결코 태동할 수 없을 것이라는 생각이 특히 그를 흥분시켰다.

멀러의 친구였던 세레브로프스키도 멀러의 우생학적 비전을 공유했다. 「사회주의 사회에서의 인류유전학Anthropogenetics과 우생학」이라는 제목의 논문에서 세레브로프스키는 콜초프를 다음과 같이 비판했다. 콜초프는 우생학이 '종교'가 되어야 한다고 주장하고 있으며, 이는 전형적으로 '부르주아적' 해석이라는 것이다.[13] 세레브로프스키는 "사회주의 사회만이 이 분야(우생학)를 위한 양질의 가정 환경과 양육조건을 제공할 수 있음이 분명"함에도, 우생학이라는 학문이 하필이면 '부르주아 부모 밑에서 태어난 딸'로서 이 세상에 등장했다는 사실에 개탄을 금치 못했다.[14]

세레브로프스키는 우생학을 사회주의 소련에 어떻게 적용하면 좋을지 고민했다. 그가 제시한 방법은 경제적 사유재산을 파괴함으로써 또 다른 형태의 사유재산인 가족 그 자체를 파괴하도록 하는 것이다. 그가 보기에, "헛된 꿈을 꾸는 부르주아 자산가는 오직 자신의 자식들만을 바라본다. 그의 아내는 오직 그의 자식만을 낳게 되어 있다".[15] 반면 세레브로프스키에 따르면 사회주의하에서는 "사랑이 출산과 분리될 것"이며 "정자는 승인을 받은 특정한 공급원으로부터 취득되어야 한다".[16] 그는 다음과 같이 덧붙였다.

> 인간은 인공수정이라는 뛰어난 현대적 기술을 바탕으로 엄청난 정자 생산 능력을 갖게 되었기 때문에, (…) 탁월하고 가치 있는 한 명의 조상breeder으로부터 1000명 심지어 1만 명의 아이를 태어나게 할 수 있다. 그런 조건하에서 인간선택human selection은 거대한 도약을 가능케 할 것이다. 그렇게 되면 여성 개개인과 전체 공동체는 '그들이 직접 낳은' 아이들을 자랑스럽게 여기는 것이 아니라, 이 놀라운 성공과 성취, 즉 새로운 형태의 인간 창조를 자랑스럽게 여기게 될 것이다.[17]

다비덴코프 또한 세레브로프스키가 사회주의적 우생학에 대해 가졌던 정치적 열정과 헌신을 공유했다. 그러나 그는 새로운 소비에

소련 유전학자 알렉산드르 세레브로프스키

트형 인간의 창조를 가능케 하는 수단으로서 인공수정을 비교적 덜 강조했다. 다비덴코프는 "소련의 도시 인구를 대상으로 의무적인 우생 조사^{eugenic survey}"를 실시한 이후, "임금의 비례적 인상을 통해 육아 비용을 국가가 보상"하여 '올바른' 결혼을 유도함으로써 동일한 목표를 달성할 수 있다고 생각했다. 쉽게 말해 지적으로 가장 우수한 부모에게 아이를 낳을 때마다 임금을 50퍼센트씩 인상해주어 그들이 보다 많은 자녀를 낳도록 장려하면 된다는 것이다.[18]

이후 멀러는 실제로 소련 지도자 이오시프 스탈린에게 편지를 보내 세레브로프스키와 다비덴코프가 선호하는 유형의 우생학적 조치를 시행할 것을 건의했다. 그는 다음과 같이 편지를 시작했다. "인간이 행하는 모든 영역의 투쟁에서 볼셰비키가 궁극의 승리를 거두리라 확신하는 한 명의 과학자로서, 저는 제 전문 분야인 생물학, 더 구체적으로 유전학 분야에서 제기되고 있는 대단히 중요한 문제를 당신께 말씀드리려 합니다." 이어서 멀러는 우수한 유형의 인간을 탄생시키기 위해 "5만 명 중 한 명 수준으로 나타나는 가장 압도적으로 탁월한 개인들"의 정자를 러시아 여성들에게 인공적으로 수정해야 한다고 제안했다. 멀러가 이 "압도적으로 우월한 개인들"의 예로 든 인물로는 레닌과 다윈이 있었다.[19]

이 당시 스탈린은 이미 소련 사회에 대한 급진적 변혁의 비전들을 방기한 상태였다. 오히려 그는 서서히 다가오는 나치 독일의 위협에 직면하여 종교, 종래의 사회적 규범들, 애국주의에 더 큰 관심을 쏟고 있었다. 스탈린은 멀러의 건의를 단박에 기각했다.

| 마르크스주의적 혹은 생명사회적 우생학

파울 캄머러는 멘델주의 유전학자들이 지지했던 것과는 전혀 다른 형태의 우생학을 주창했다. 캄머러에게는 사회적 환경이 무엇보다도 중요했다. 그는 유익한 사회적·경제적 조건의 창출이 획득 형질의 유전을 통해 소련 시민들의 유전적 특성을 영구히 변화시킬 것이라고 믿었다. 그는 소련 사회주의가 오직 이러한 방식을 통해서만 우월한 형태의 인간, 즉 자본주의 국가의 시민들과 유전적으로 완전히 구별되는 소비에트형 시민을 창조해 낼 수 있다고 역설했다.

캄머러의 연구와 논문들은 소련 생물학계 내에서 익히 알려져 있었으며 상당한 영향력을 가지고 있었다. 그는 유물론적 생물학자 협회the Society of Materialist Biologists가 레닌그라드에서 성황리에 개최한 회의에 참석했다. 회의 참가자 중 한 명은 캄머러가 참석했다는 사실에 매우 기뻐하며, 이날의 모임이 "우리 라마르크주의자들에게 있어서 중요한 사건"이 될 것이라고 소리쳤다. 이처럼 캄머러로 대표되던 라마르크주의적 견해는 러시아에서 비마르크스주의 생물학자들을 넘어 젊은 마르크스주의 생물학자들 사이에서도 이미 널리 퍼져 있었다.

캄머러는 "획득 형질의 유전설은 우리에게 구원의 메시지를 준다"라고 설파했다.[20] 이 이론을 통해 "인간의 행적과 사유가" 후대에 "전해질 수 있다고 상정할 수 있"으며 그 결과 "숭고한 인간"이 등장하게 될 것이다.[21] 그는 콜초프의 '유해한' 멘델주의적 우생학과는 완전히 다른 '생산적인 우생학productive eugenics'를 주창했다. 러시아에서 인간 유전 대논쟁에 뛰어들었던 학자들 가운데 레빗, 스미르노프, 베르멜, 쿠진, 볼로츠코이 등을 포함한 다수가 캄머러를 지지했다. 이들 중 가장 적극적이었던 인물은 레빗이었다.

솔로몬 레빗(1894~1938)은 리투아니아의 가난한 유대인 가정에서 태어났다.[22] 레빗은 의심할 여지 없이 뛰어난 학문적 재능에 힘입어 모스크바대학교에 입학했다. 모스크바에서 그는 의학 교육을 받아 혈액과 관련한 질병을 연구하고 가르치는 학자로 성장했다. 1920년 레빗은 공산당에 입당했으며, 이후 마르크스주의 '유물론적 의사들의 모임'에서 활동하게 되었다.

「마르크스주의와 생물학적 진화론」이라는 제목의 1924년도 논문에서 레빗은 라마르크주의를 열렬히 지지하면서, 진화의 방향을 결정하는 '일반적인 힘general force'은 '환경의 영향'이라고 선언했다.[23] 그는 라마르크주의와 다윈주의를 모순 없이 결합할 수 있다고 믿었다. 레빗은 "라마르크주의적 요인(외부 환경적 요인의 영향과 획득 형질의 유전)은 사실상 변이variation의 원인을 설명할 수 있는 유일한 요소"라고 주장함으로써 자신의 신념을 확장했다.[24] 1926년도 논문에서 그는 "소련의 프롤레타리아들은 오래전에 획득 형질의 유전설을 수용했으며, 다수의 소련 의사들도 이를 바짝 뒤쫓고 있다"라고 주장했다. 더불어 그는 멘델주의 유전학을 지지하는 자들이 '비관적이고 무기력'하다고 비판했다.[25]

볼로츠코이도 레빗의 견해에 호응했다. 볼로츠코이는 공공연히

'생명사회적 우생학'을 주창하며, 획득 형질의 유전에 기반을 두고 교육과 사회개혁을 통해 소련 시민들의 유전적 특성을 변화시켜야 한다고 강조했다. 그는 "부르주아 국가들에서 발전한 우생학계(프롤레타리아 유전학proletarian eugenics은 이와 전혀 무관하다)는 언제나 이러한 형태의 교육과 사회개혁에 기반한 유전을 뒷받침하는 모든 새로운 과학적 발견을 은폐하기 위해 노력한다"라고 지적했다.[26]

콜초프와 그의 동료들로 대표되는 러시아의 멘델주의 유전학자들은 캄머러, 레빗, 볼로츠코이의 주장에 학을 떼었다. 획득 형질의 유전을 지지하는 마르크스주의자들과는 대조적으로, 콜초프 등은 자신들의 스승 격인 베이트슨 및 모건을 따라 획득 형질의 유전이 터무니없는 주장이라고 일축해 왔다. 이 문제에 대해 콜초프 그룹의 일원이자 오늘날에도 여전히 멘델주의 유전학과 다윈주의 진화론을 결합한 '현대종합이론'의 선구자 중 한 명으로 기억되고 있는 유리 필립첸코lurii Filipchenko가 캄머러, 레빗, 볼로츠코이 등에게 공개적으로 이의를 제기했다.

필립첸코는 획득 형질의 유전을 격렬히 반대했다. 그는 이 주제에 대한 모건의 논문의 번역본과 자신의 논문을 함께 발표함으로써 자신의 견해를 피력했다(마르크스주의적 라마르크주의자들은 이러한 발표 형식에 분노했다).[27] 필립첸코는 다음과 같이 주장함으로써 마르크스주의자들을 제압하고자 했다. 즉, 그는 마르크스주의자들이 오직 '좋은' 환경만이 유전적으로 유효한 것처럼 가정하지만, 획득 형질의 유전을 일관되게 해석한다면 '나쁜' 환경 또한 유전에 영향을 미치는 것으로 봐야 한다는 것이다. 그러므로 프롤레타리아, 농민, 비백인 인종nonwhite races 등 사회적·육체적으로 불우한 모든 집단, 인종, 계급은 과거 수 세기 동안 결핍된 환경에서 살아온 결과 유전적으로 퇴보할 만한 영향을 받게 되었다는 것이다. 급진적인 사회개혁을 약속하기는커녕, 획득 형질의 유전은 상류층이 과거 여러 세기 동안 유리한 환경에서 살아왔으므로 결과적으로 사회적·경제적으로 우수할 뿐만 아니라, 유전적인 특권 또한 확보하고 있음을 설명해 주는 이론이 되는 것이다. 바꾸어 말하면 이는 소비에트 러시아의 프롤레타리아트가 결코 국가를 운영할 능력이 없음을 의미하는 것이기도 하다. 프롤레타리아 계급은 오랜 가난의 영향을 받아 유전적으로 불구가 된 사람들인 것이다. 필립첸코는 아주 쉽게 이 딜레마로부터 빠져나갈 수 있다고 조언했다. 처음부터 획득 형질의 유전이라는 이론 자체를 포기하면 될 일이라는 것이다.

멘델주의 유전학에 대해 비판적이었던 일부 논자들은 필립첸코의 주장에 설득된 것처럼 보였다. 몇몇 급진적인 잡지들은 멘델주의 유전학이 아니라 획득 형질의 유전이야말로 반혁명적 이론이라고 주장하는 글을 게재했다. 한 저자는 전 세계 부르주아들이 자신들의 유전적 우월성을 입증하기 위해 끊임없이 획득 형질의 유전설을 확립하려 하겠지만, 프롤레타리아 계급은 그러한 부르주아들의 시도를 기각하는 과학을 학습하고 있다고 언급했다.[28] 이 저자는 파울 캄머러 같은 서방 출신의 부르주아 교수들도 이 문제에 관한 한 신용할 수 없다고 적었다. 또 다른 저자는《전 인민을 위한 붉은 잡

소련 곤충학자 겸 유전학자 유리 필립첸코.(1929)

지 the Red Journal for All People 》에 기고한 글에서 모든 사회 개혁가는 정치
적 투쟁에 대비하여 필립첸코의 주장을 숙지해야 한다고 역설하기
도 했다.[29]

마르크스주의 생명사회적 우생학의 열정적인 옹호자인 볼로츠코이는 필립첸코의 주장을 받아들이려 하지 않았다.[30] 그는 필립첸코의 주장에는 다음과 같은 오류가 있다고 주장했다. 획득 형질의 유전설에 기반한 유전적 효과가 착취당하며 살아온 사람들에게는 무조건적으로 해롭고, 특혜 속에서 살아온 사람들에게는 무조건으로 이로울 것이라고 믿는 것은 오류라는 것이다. 볼로츠코이에 의하면 마르크스주의자들은 노예 소유주와 노예, 영주와 농노, 또는 자본가와 노동자 간의 사회적 분업이 양측 모두에게 해로운 영향과 이로운 영향을 동시에 미친다고 이해해야 한다.

볼로츠코이는 착취적 관계들에는 각각 장단점의 균형이 있을 수 있다고 지적한다. 프롤레타리아는 가난, 문화적 결핍, 비위생적 환경으로 인해 고통받지만, 동시에 생존에 필요한 육체노동과 근면함은 장점으로 주어진다. 자본가는 그들의 특권적 지위로부터 경제적인 이득을 얻을 수 있지만, 그들은 노동하지 않고 따라서 나태에 빠지며 부패하게 된다. 그러므로 획득 형질의 유전이 오직 상류계급에게만 이로운 방식으로 해석될 필요는 없다는 것이 볼로츠코이의 생각이었다. 오히려 획득 형질의 유전이 갖는 유전적 효과는 복합적인 것이다. 만에 하나 어떠한 해로운 효과가 프롤레타리아 계급에게 실제로 발생한다고 해도, 불과 한두 세대 안에 획득 형질의 유전설을 적용하여 교정할 수 있을 터이다. 그는 이러한 교정이 정의롭고 유익한 사회주의적 사회 환경 속에서 살아감으로써 실현될 수 있다고 확신해 마지않았다.

볼로츠코이와 필립첸코 사이의 갈등, 더 일반적으로는 생명사회적 우생학과 멘델주의적 우생학 사이의 갈등은 끊임없이 평행선을 달리게 되었다. 어느 쪽이든 자신의 정치적 의지에 부합하도록 하나의 특정한 관점을 지속적으로 주장할 수 있었던 것이다. 이러한 교착상태 속에서 사회주의 사회 건설 임무와 인간 유전은 무관하다고 주장하는 새로운 집단이 논쟁에 개입하게 된다.

| 생물학의 사회이론

마르크스주의자 바실리 슬렙코프는 우생학과 생물학이 소련을 미래로 이끌 핵심 열쇠라고 강조하는 모든 논의들이 지나치게 멀리 갔다고 생각했다. 그는 주요 볼셰비키 이론지에 글을 발표하여 라마르크주의적이냐 멘델주의적이냐를 불문하고 모든 종류의 우생학은 인간 행동의 생물학적 요소를 지나치게 강조하는 한편, 사회경제적 요소는 완전히 간과하고 있다고 비판했다.[31] 대부분의 우생학자들은 사회과학, 심지어 마르크스주의에 대한 지식이 부족한 생물학자들이므로, 그들은 유전의 영향을 '절대화'하는 경향이 있고, 이는 마르크스주의 역사유물론과 경제결정론을 훼손한다는 것이었다.

슬렙코프는 생물학자들이 유전학을 바탕으로 인간의 모든 역사를 단지 하나의 유전자형이 다른 유전자형으로 대체되는 것에 불과한 것으로 보는 '보편주의적universalist' 해석을 설파한다고 파악했다. 그가 보기에 이러한 해석은 사회적 조건이 의식을 결정한다는 마르크스주의의 원칙을 완전히 무시하는 것이었다. 그는 "인간은 주어진 조건과 교육의 산물이며, 그러므로 인간을 변화시키는 것은 상황과 교육을 변화시키는 것에 달려 있다"라는 칼 마르크스의 말을 인용했다.[32]

슬렙코프에 의하면 한 명의 도둑은 유전에 의해 창조된 생물학적 존재가 아니라, 그가 처한 환경, 빈곤, 실업에 의해 만들어진 '사회적 인간'이다. 그러나 동시에 슬렙코프는 생물학적 유기체들이 유전적으로 서로 다르다는 사실을 부인하지 않았다. 또한 만약 그가 라마르크주의적 유전학과 멘델주의적 유전학 중 하나를 선택해야 한다면, 망설임 없이 라마르크주의적 접근을 선호한다고도 밝힌 바 있다. 그럼에도 획득 형질의 유전은 동식물의 유전을 설명하는 방법일 뿐, 인간을 설명하는 방법론이 될 수 없다는 것이 슬렙코프의 생각이었다. 정치적·경제적 마르크스주의야말로 인간을 설명하는 올바른 접근법인 것이다.

슬렙코프의 글은 정치이론으로서 마르크스주의와 자연과학 사이의 관계란 어때야 하는가라는 거대한 질문을 열어젖혔다. 자연과학자들과 마르스크주의자들은 모두 스스로를 '유물론자'라고 칭했으며, 오직 물질만이 존재한다고 믿었다. 그러나 유물론이라는 것이 생물학과 관련하여, 그리고 보다 중요하게는 사회와 관련하여, 정확히 무엇을 의미하는가? '물질matter'이란 모든 층위에서 동일한가? 다시 말해 물리학과 화학에서 다루는 무생물 물질the inanimate matter, 생물학에서 다루는 살아 있는 물질the living matter, 그리고 인류 문명의 사회적 물질the social matter은 모두 같은 것인가? 그것이 아니라면 '상이한 존재의 층위마다 서로 다른 과학적 법칙'이 존재하는 것인가?

칼 마르크스의 열렬한 친구이자 그의 사상의 옹호자였던 프리드리히 엥겔스는 다윈이 "유기적 자연의 진화 법칙"을 발견한 것처럼 마르크스가 "인간 역사의 진화의 법칙"을 발견했다고 말했다.[33] 비록 다윈과 마르크스가 유사한 방법론을 사용했으나, 각각 연구 대상이 되는 영역이 매우 달라 사회에 대한 마르크스의 '법칙들'이 살아 있는 물질에 대한 생물학적 '법칙들'로 환원될 수 없다는 것이 엥겔스의 요지였던 것 같다. 그렇다면 엥겔스의 이러한 인식은 캄머러가 도롱뇽과 두꺼비 연구를 바탕으로 주장했던 획득 형질의 유전설을 인간에게 곧바로 적용해서는 안 된다는 뜻으로 해석되어야 하는 것일까? 인간의 행동은 생물학이 아닌 사회과학, 특히 마르스크주의에 의해 결정될 것이므로? 캄머러가 1926년 러시아에 도착했을 때, 그의 이름을 둘러싼 논란들의 중심에는 바로 이러한 난제들이 펼쳐져 있었다.

| 공식적 합의의 대두

캄머러는 생물학이 사회와 맺는 관계에 대한 다양한 주장들 앞에서 당황했다. 오히려 그의 입장은 그저 우수한 마르크스주의적 사회주의자들이라면 획득 형질의 유전을 지지해 줄 것이라는, 다소 단순한 것이었다. 그는 다만 소련이 유리한 경제적·사회적 조건을 만들어 시민들을 이롭게 하는 새로운 사회를 건설하는 과정에서 자신의 획득 형질의 유전 이론을 활용해 주기를 희망했고, 또 당연히 그럴 것이라 예상했다. 캄머러는 이러한 구상을 따를 경우 동시대 소련 시민들뿐만 아니라 그들의 후손들까지도 생물학적으로 혜택을 받을 것이라 믿어 의심치 않았던 것이다.

캄머러는 자신이 품었던 소련 사회주의에 대한 열정에도 불구하고, 일부 호전적인 청년 마르크스주의자들이 자신을 '서방 출신의 부르주아 교수'로 간주한다는 사실에 적잖이 당황했다. 넥타이를 매는 것만으로도 부르주아에 대한 정치적 동일시의 상징으로 간주되던 시절, 소련의 급진주의자들은 깔끔하게 옷을 빼입곤 했던 캄머러(그는 나비넥타이를 좋아했다)를 삐딱하게 보았다.[34] 캄머러가 루나차르스키의 초청을 받아 실험실을 러시아로 옮길 계획을 구상하던 것도 아마 이 무렵이었을 텐데, 이러한 판단이 전적으로 현명한 것이었다고 보기는 어려울 것이다.

그러나 소련 초기의 이와 같은 사상적·정치적 혼란을 거치며, 곧 공산당이 승인한 공식적인 합의가 등장하게 된다. 공산당이 보기에 멘델주의 유전학은 의심스러운 분야이며, 우생학의 형태로 이를 인간에게 적용한다는 것은 결코 있을 수 없는 일이었다. 공산당은 단연코 라마르크주의 생물학을 선호했지만, 그럼에도 동식물의 수준을 넘어 이를 인간에게 적용하는 것에는 반대했다. 인간은 생물학이 아니라 마르크스주의의 틀로 설명되어야 마땅한 것이다.

이러한 원칙들은 리센코가 영향력을 얻기 시작한 1930년대 중반에 훨씬 앞서 소비에트 러시아에서 널리 통용되고 있었다. 리센코가 역사의 무대 위에 올랐을 때, 그는 이 공식적인 원칙들을 받아들여 동식물 연구에만 집중하는 한편, 생물학이 인간과 연관될 수 있다는 논의를 일절 지양했다. 그리고 그는 이 원칙에 입각하여 그의 적들을 하나하나 제거해 나갔다.

만약 캄머러가 살아남아 소련에 머물렀다고 하더라도, 결국 그의 관점은 거부되었을 뿐만 아니라 신변 또한 위협에 처하게 되었을 가능성이 높다. 특히 독일에서 파시즘과 더불어 유전학에 기초한 인종위생학genetic race hygiene이 부상한 이후에는 더더욱 그랬을 것이다. 캄머러 본인이 선호하는 우생학은 나치의 그것과 다르다는 항변 또한 아마도 설득력을 얻지 못했을 것이다. 어쨌든 캄머러는 마르크스주의적 '사회법칙'보다 생물학적 '자연법칙'에 더 관심이 많은 생물학자로 간주되었을 것이다. 실제로 이후 다가올 몇 해 동안 수많은 러시아 생물학자들이 체포되었다. 그리고 그들 중 일부는 캄머러와 유사한 입장을 지닌 라마르크주의적 우생학자들이었다.

1920년대 러시아에서의 인간 유전 대논쟁에 참여했던 두 외국인, 즉 오스트리아인 캄머러와 미국인 멀러는 결국 러시아인들에 의해 거부되었다. 둘은 모두 러시아혁명에 공감했고, 모두 혁명을 돕고 싶어 했다. 그들은 비록 확연히 다른 형태의 우생학을 주장했지만, 결국 러시아 공산주의자들은 둘 모두에게 등을 돌렸다. 소련에서 거부당한 이후 캄머러는 자신의 견해를 환영하지 않는 유럽 생물학계로 돌아와 그곳에서 자신의 생을 마감할 수밖에 없었다. 멀러 또한 자신의 사회주의적 정치 비전에 결코 우호적이지 않았던 고국 미국으로 돌아가, 공산주의를 옹호한다는 비난을 끊임없이 받아야 했다.[35]

5장 | 리센코와의 조우[1]

"당신은 내가 억압적인 소비에트 체제의 일부라고 생각하지요? 하지만 난 항상 외부자였습니다. (…) 인정받기 위해 나는 항상 싸워야만 했습니다."

— 트로핌 리센코[2]

1971년 나는 모스크바에서 체류하면서 리센코에 대해 연구하고 있었다. 나는 좌절감을 느꼈다. 당시 리센코는 아직 살아 있었고, 백방으로 그를 인터뷰하고자 노력했지만 번번이 실패했다. 그로부터 10년 전 모스크바대학에서 공부하던 시절, 나는 처음으로 리센코에게 연락을 시도했다. 그 시절 리센코는 권력의 정점에서 소련 생물학계를 지배하고 있었다.

나는 모스크바대학교 중심 캠퍼스에 위치한 고층건물 꼭대기에 올라갔다. 그곳에서 우수한 시설을 갖춘 거대한 레닌 언덕 농장Lenin Hills Farm을 바라볼 수 있었다. 바로 그 농장에서 리센코는 젖소들을 데리고 획득 형질의 유전설에 입각한 우유 증산 실험을 진행하고 있었다. 나는 농장의 사무실을 방문하여 내 전화번호를 적은 쪽지와 함께 당시 내가 리센코에 대해 쓰고 있던 논문 사본 한 부를 남겨두고 돌아왔다. 이 원고는 곧 미국에서 출판될 예정이지만, 만약 내가 그를 만날 수 있다면 논문을 추가로 수정할 시간이 있을 것이라는 메모를 쪽지에 적어두었다. 일부러 그의 자존심을 자극했다. 그가 내 인터뷰에 응해 논문에 영향력을 행사하려 들길 바랐다. 그러나 끝내 아무런 연락도 오지 않았다. 그로부터 10년이 지난 1971년, 그는 이미 소련 학계에서 몰락한 이후였다. 나는 리센코와 만나기 위해 거듭 노력했다. 이번에는 그의 소련 과학아카데미 사무실로 찾아가 나의 새 원고와 연락처를 남겼다(리센코는 1965년 소련 생물학계의 차르의 자리에서 쫓겨났지만 저명한 소련 과학아카데미 내의 지위는 여전히 보전하고 있었다). 결과는 마찬가지였다. 리센코는 나와 만날 생각이 없는 것 같았다.

포기했다. 도저히 그를 인터뷰할 가망이 없는 상황에서 전적으로 도서관과 아카이브에 의지할 수밖에 없었고, 그곳에서 리센코에 대한 방대한 자료를 입수할 수 있었다. 리센코에 대해 구할 수 있는 모든 자료를 모조리 다 읽었고, 과학자로서 그의 삶과 연구에 대해 보다 치밀하게 파악할 수 있었다. 그렇게 몇 달 동안 모스크바 중심지에 위치한 러시아 최고의 도서관인 레닌도서관에서 작업을 이어갔다. 애석하게도 도서관 지하에 있던 식당은 정말이지 최악이었다. 그리하여 더 나은 음식을 찾아 도서관 주변 레스토랑들을 누비고 다녔다. 그중 최고는 단연 과학자의 집the House of Scientists이었다. 도서관에서 몇 블럭 떨어진 곳에 위치한 과학자의 집은 러시아 과학아카데미 소유의 교수회관이라고 할 수 있는 식당이었다. 당시 나는 미국 국립과학아카데미the National Academy of Sciences of the US에서 러시아 과학아카데미로 정식 교환 파견된 연구원 신분으로 소련에 체류하고 있었기 때문에, 러시아 과학아카데미 소유의 모든 시설을 이용할 수 있는 출입증을 가지고 있었다.

과학자의 집은 혁명 이전에 세워진 화려하게 장식된 건물이었다. 이 건물은 본래 18세기 한 귀족에 의해 건립되었는데, 나폴레옹이 모스크바를 점령했던 1812년 화재로 인해 심각하게 훼손되었다고 한다. 이후 19세기에 재건되어 모스크바의 귀족과 부유층의 가장 호화롭고 유명한 사교 무대가 되었다. 그 후 표트르 대제의 외가(나릐쉬킨 가문the Naryshkins), 러시아의 대문호 알렉산드르 푸시킨Alexander Pushkin 일가, 유명 작곡가 니콜라이 림스키-코르사코프Nikolai Rimskii-Korsakov 등이 차례로 이 건물을 소유하기도 했다. 또한 이반 투르게네프Ivan Turgenev, 니콜라이 고골Nikolai Gogol 등 세계적으로 널리 알려진 작가들도 이곳을 자주 찾았다. 19세기 후반에는 산업가이자 상인 가문인 콘쉰 가문the Konshins의 손에 넘어갔다가, 1917년 러시아혁명 이후 공산주의자들에 의해 몰수되어 러시아 과학아카데미 소속 과학자들을 위한 공간으로 웅장하게 개조되었다. 이곳을 찾게 될 과학자들은 신생 혁명 사회의 새로운 귀족이 될 터였다.

1971년 어느 이른 봄날, 나는 레닌도서관에서 오전 작업을 마친 후 으리으리한 궁궐 같은 과학자의 집 안으로 들어섰다. 한 수척한 남자가 편안한 모습으로 식당 뒤쪽편 테이블에 혼자 앉아 있었다. 나는 곧바로 그가 트로핌 리센코라는 걸 알아차렸다. 소련에서는 낯선 사람들끼리 한 식탁에서 식사를 하는 것이 이상한 일은 아니다. 그래서 리센코 옆에 앉아 보르쉬[borscht]* 한 그릇을 주문하고 식사를 시작했다.

잠시 후 나는 리센코를 향해 몸을 돌렸다. "트로핌 데니소비치 리센코 씨 되시지요? 저는 미국의 과학사학자 로렌 그레이엄이라고 합니다. 당신에 대해 이런저런 글을 꽤 썼습니다. 당신에게 제 글을 보낸 적도 몇 번 있지요." 리센코가 대답했다. "당신의 이름이 기억납니다. 당신이 나에 대해 쓴 글을 읽은 적도 있습니다. 당신, 러시아 과학에 대해 많이 알고 있더군요. 그러나 당신은 나와 내 연구를 서술하는 과정에서 몇 가지 심각한 실수를 저질렀습니다."

나는 즉시 그 실수가 무엇인지 물었다. 리센코는 대답했다.

가장 중요한 실수는 널리 알려진 유전학자 니콜라이 바빌로프를 포함하여 다수의 러시아 생물학자들이 죽음에 이르게 된 것이 다 내 책임이라고 비난한 것입니다. 물론 나는 생물학적인 문제에 있어서 바빌로프와 이견이 있었습니다. 하지만 나는 그의 옥사와는 무관합니다. 알다시피 나는 공산당에 가입한 적이 없으며, 당이나 비밀경찰이 생물학자들에게 저지른 일들에 대해서는 아무런 책임이 없습니다.

---

* 붉은 순무(beet)로 끓인 러시아 전통 수프 요리. ─ 옮긴이

리센코와 그의 연구는 1965년 불명예스럽게 비판받게 된다. 하지만 1976년 사망할 때까지 소련 과학아카데미 내에서의 리센코의 직위는 유지되었다.

나는 문득 지난 몇 달 동안 도서관과 아카이브에서 시간을 보내며 리센코와 그의 희생자들에 대해 많은 것을 알게 되었다는 사실이 다행스럽게 느껴졌다. 소련공산당에 가입한 적이 없다는 리센코의 말은 틀리지 않았다. 내가 이전에 출간한 논문들에서 이미 이 사실을 지적한 바 있다. 그러나 저명한 소련 유전학자들의 사망과 투옥에 대해 책임이 없다는 그의 말은 대단히 잘못된 발언이다. 그가 취한 방법은 치명적이었으며, 수동적이되 공격적이었다. 리센코는 스스로를 주류 유전학자들이 받아들이려 하지 않았던 훌륭한 농법을 주창한 한 명의 무구한 농학자, 심지어 일개 농민으로 묘사했다. 그러나 실상은 그가 선도적인 유전학자들이 소련의 대의를 저버린 반역자이자 소련 농업을 고의적으로 망치려 한 반혁명분자 겸 외국 간첩이라고 적극적으로 모함했다는 것이다. 그렇게 함으로써 리센코는 비밀경찰이 유전학자들을 주의 깊게 주시하도록 유도했다. 리센코는 여러 차례 이런 일을 반복했다. 그러고는 자신을 비판했던 사람들이 경찰에 의해 실제로 '반역' 혐의로 체포되었을 때, 리센코는 자신과는 무관한 일이라며 발을 뺐다.

'고발donos'이라고 불리는 리센코의 방법은 사실 소련 시대에 잘 알려진 수법이었다. 많은 사람이 자신의 적이나 라이벌을 '반소련적'이라거나 '반역적'이라고 비방함으로써 비밀경찰로 하여금 그들을 제거하도록 만들 수 있다는 점을 알고 있었다. 사람들은 종종 자신의 전문 분야 내의 경쟁자, 삼각관계에서의 연적, 혹은 정적을 고발했다. 고발은 구두나 서면으로 가능했다. 리센코의 경우, 주로 구두로 동료들을 고발했다. 이러한 행위는 대개 이중적인 효과를 가져왔다. 경쟁자를 성공적으로 제거할 수는 있지만, 동시에 고발인은 소련 체제의 공범이 되는 것이다. 그러나 리센코는 이러한 암묵적인 공범 관계를 인정하기를 거부했다. 아니면 적어도 공개적으로 자신의 죄를 인정하기를 거부했던 것일지도 모르겠다. 그러나 어느 경우든 다른 사람들의 눈에는 그의 죄가 똑똑히 보였다.

리센코의 항변을 듣고 나는 한동안 묵묵히 앉아 있었다. 뭐라고 대화를 이어가야 좋을까? 리센코의 자기정당화를 그러려니 하고 넘겨야 할까, 아니면 그의 말을 받아쳐야 할까? 퍼뜩 이 순간이 평생에 두 번 없을 기회라는 생각이 들었다. 두 번 다시 20세기의 가장 악명 높은 과학자에게 도전할 기회가 찾아오지 않을 것 같았다. 만약 내가 리센코를 흥분시켜 그가 어떤 새로운 사실을 불쑥 입 밖으로 꺼내게 된다면, 미래의 리센코 연구자들이 이로부터 유용한 무언가를 배울 수도 있을 터였다. 다만 소련에서 그의 명예가 이미 실추된 후였으므로 그가 더 이상 과거 적들을 처리했던 방식으로 나에게 비밀경찰의 철퇴를 내릴 능력이 없기를 바랐다. (그런데 이 대화가 있었던 시점부터 1976년 리센코가 사망할 때까지 실제로 나는 소련 당국에 의해 입국금지자persona non grata로 지정되었는데, 이러한 조치에 리센코가 개입했는지 여부는 확실하지 않다.)

나는 내 연구에 입각하여 그의 주장을 가장 차분하고 학문적인 방법으로 반박하기로 결심했다. 그의 가장 유명한 적수 니콜라이 바빌로프의 사례를 언급할 생각이었다. 바빌로프는 국제적으로 저명한 유전학자이자 세계에서 가장 큰 식물 종자 컬렉션을 구축한 학자였으나, 리센코 때문에 구금되어 옥중에서 굶어 죽었다.[3]

바빌로프를 비롯한 적들을 제거하는 과정에서 리센코는 많은 조력자의 도움을 받았다. 리센코와 조력자들 사이의 연결고리는 리센코의 생물학보다는 부르주아 전문가 및 우월한 지식을 뽐내는 사람들에 대한 공통된 반감이었다고 할 수 있다. 이러한 관계는 1920년대에 시작되었으며, 1930년대 초에 이미 바빌로프는 당내 인사들뿐만 아니라 자신의 식물 육종 연구소 내 대학원생들로부터도 강한 저항에 부딪히고 있었다.[4] 이러한 리센코 지지자들 가운데 일부는 피비린내 나는 러시아 내전 참전용사들이었다. 이들은 기본적으로 매우 급진적이었다. 그뿐 아니라, 특권적인 가정 배경을 바탕으로 혁명 이전 영미 등지에서 교육을 받은 바빌로프 같은 사람들을 불신하고, 심지어 경멸하도록 교육받은 사람들이었다. 이들은 리센코의 생물학적 견해보다는 그가 농민 출신이라는 점을 마음에 들어 했으며, 더 나아가 소련 농업의 미래에 대해 리센코가 제시한 과감한 약속에 매료되었다. 이러한 급진적인 학생들과 운동가들은 바빌로프를 구체제의 대표자로 간주하면서 그의 리더십을 인정하려 하지 않았다. 러시아 과학사학자 에두아르드 콜친스키Eduard Kolchinsky가 분석한 것처럼, "1932년경 바빌로프는 이미 자신이 운영하던 기관 내의 인사관리권 및 통제권 전반을 상실한 상태였다".[5]

바빌로프는 점차 고립되어 갔고, 리센코는 학계의 정점을 향해 빠르게 나아갔다. 정직한 사람이었던 바빌로프는 비록 몇 번의 애처로운 시도를 했지만 결코 리센코처럼 대담한 비전을 약속할 수 없었다. 바빌로프는 자신의 약점을 알고 있었고, 자신과 리센코 사이의 적절한 역할 분담을 통해 리센코를 만족시킬 수 있기를 희망했다.

리센코를 실용적인 식물 육종학과 원예학 분야의 거장으로 인정하되, 바빌로프 본인과 동료 유전학자들은 이론가로서의 역할에만 매진하겠다는 것이었다. 헛된 바람이었다. 야심가 리센코는 자신의 역할을 단지 실용적인 부문에만 국한시키는 것에 결코 만족하지 못했다. 그는 결국 바빌로프와 동료들을 파멸시키는 방향으로 나아갔고, 이러한 과정이 진행되는 동안 바빌로프 일파의 숙청 이후 발생하게 될 공석에 눈독들이던 인사들이 리센코를 지원했다.

이로부터 수십 년이 지난 시점에 리센코 옆에 앉아 있었던 나는 다음과 같이 말을 이어갔다.

예, 저도 당신이 공산당에 가입한 적이 없다는 사실을 잘 알고 있습니다. 하지만 당신은 비밀경찰의 이목을 끌 것이 확실한 방법으로 바빌로프와 다른 러시아 과학자들을 자주 비판하지 않았습니까? 예를 들어 1935년과 1939년 스탈린이 참석했던 회의에서 당신은 소련 산업계와 소련 농업계 내부에 파괴 공작원이 존재한다고 주장하며, 그러한 반역자 중 한 명으로 바빌로프라는 실명을 언급했습니다. 그 자리에서 당신은 한 명의 농학자일 뿐, 공산당원도 정치가도 아니라고 말씀하셨지요. 그러자 스탈린이 직접 "브라보, 리센코 동지, 브라보!"라고 말했지요. 그러나 나는 바빌로프가 반역자이기는커녕, 소련의 대의에 헌신하며 소련 농업 발전을 위해 그가 할 수 있는 모든 것을 다했다는 점을 잘 알고 있습니다. 다만 바빌로프는 그 과정에서 당신이 반대했던 현대유전학의 중요성을 인정했지요. 그리하여 당신은 스탈린이 보는 앞에서 그

러시아 유전학자 니콜라이 바빌로프. 리센코에 의해 희생당한 사람 중 한 명이다.

를 고발했고 스탈린의 지지를 얻어냈으며, 그 나머지는 비밀경찰이 알아서 했겠죠. 당신도 알다시피 바빌로프는 그들에 의해 구류된 상태에서 사망하지 않았습니까.[6]

리센코는 갑자기 벌떡 일어서서 식탁을 떠났다. 나는 수프를 먹으며 혼자 앉아 있었다. 10분쯤 지났을까. 놀랍게도 리센코가 다시 돌아와 내 옆에 앉으며 말했다.

당신은 나를 잘못 이해하고 있습니다. 당신은 내가 억압적인 소비에트 체제의 일부라고 생각하지요? 하지만 나는 항상 외부자였습니다. 가난한 농민 가정 출신이라는 이유로 과학자로 활동하는 내내 상류층의 편견에 지긋지긋하게 시달려 왔습니다. 바빌로프는 부유한 가정에서 태어났고, 그 결과 양질의 교육을 받았으며, 여러 외국어를 구사할 수 있었습니다. 어린아이였을 때 나는 맨발로 논밭을 뛰어다녔고 결코 제대로 된 교육을 받지 못했습니다. 1920년대와 1930년대의 저명한 유전학자들은 대부분 바빌로프 같았습니다. 그들은 나 같은 소박한 농민을 위한 공간을 학계 내에 내어주고 싶어 하지 않았습니다. 인정받기 위해 나는 항상 투쟁해야만 했습니다. 내 지식은 논밭에서의 노동으로부터 나온 것입니다. 반면 그들의 지식은 책과 실험실에서 나왔고, 종종 틀린 것이었습니다. 그리고 지금, 다시 한번 나는 이제 외부자가 되었습니다. 당신이 식당에 들어왔을 때 내가 왜 여기 이 식탁에 혼자 있었는지 아십니까? 아무도 나와 함께 앉으려 하지 않으니까요. 이제 모든 과학자가 나를 외면합니다.7

바빌로프의 특권적인 배경에 대한 리센코의 말은 모두 옳았다. 그러나 내게 가장 인상적이었던 말은 "당신은 내가 억압적인 소비에트 체제의 일부라고 생각하지요?"였다. 그렇다. 나는 그렇게 생각했다. 리센코가 거짓말을 하는 것이 아닐 수도 있지 않을까? 리센코는 진심으로 자신이 체제의 아웃사이더였다고 생각했던 것이 아닐까? 처음에는 아마도 자기 길을 찾아가려 애쓰던 보잘것없는 농민으로서 자신의 '외부자' 지위를 당연하게 여겼을지도 모르겠다. 그러나 그는 결국 소비에트 체제의 열렬한 지지자이자 중요한 상징으로 거듭났다. 소비에트 체제로부터 크나큰 혜택을 입었고, 그 과정에서 자신의 동료들을 희생시켰으며, 그렇게 소비에트 정권에 완전히 연루되었다.

그리고 이어진 리센코의 말은 나를 깜짝 놀라게 했다. 1970년대 당시 모스크바에는 수천 명의 유대인 출국금지자들Jewish refuseniks이 있었는데, 그중 다수는 과학자였고 일부는 유전학자였다. 이들은 이스라엘로의 이민을 신청했지만 소련 당국에 의해 거부당했으며 이후 직장에서도 해고되었다. 그들은 종종 서방에 사는 친구나 친척들로부터 돈과 식량을 지원받으며 근근히 살아갔다(나도 이러한 구호활동에 참여한 적이 있다).[8] "나는 유대인 출국금지자들에게 동질감을 느낍니다." 리센코가 말했다. "그들 중 다수는 이스라엘로 이민을 신청했다는 이유로 소련 기득권층으로부터 따돌림을 당한 과학자들입니다. 이제 그들은 직업도 없고 돌아갈 곳도 없습니다. 그들은 나와 같은 외톨이들입니다."[9]

리센코는 분명히 나의 연민을 사려고 했다. 의심할 여지 없이 그는 내가 이날의 만남에 대해 무언가 글을 쓸 것이라는 점도 알고 있었을 것이다. 리센코의 과학적인 권위는 비록 땅에 떨어졌지만, 그는 여전히 높은 봉급과 사무실을 제공받으며, 고급 식료품점과 옷 가게에 갈 수 있는 특권을 지닌 소련 과학아카데미의 일원이었다.[10] 사실 우리가 함께 앉아 있던, 합리적인 가격에 훌륭한 음식을 제공하던 바로 그 호화로운 과학자의 집이야말로 유대인 출국금지자들이 감히 꿈도 꿀 수 없는 특전이었다. 자신의 입장을 유대인 출국금지자들의 그것과 비교하려는 리센코의 시도는 참으로 터무니없었다.

그러나 여기서도 인간적인 요소를 고려해야 한다. 리센코는 의심의 여지 없이 자신을 귀족과 맞서 싸우는 농민으로 간주했다. 또한 적어도 처음에는 그는 자신의 단순한 농업 이론을 믿었던 것 같다. 이후 하락세를 걷고 있을 때, 그는 자신의 실패를 감추기 위해 부정한 방법을 쓸 수밖에 없었다.[11] 그는 젖소로부터 더 많은 우유를 얻기 위해 중요한 것은 젖소들의 유전 구조가 아니라 그들이 받는 보살핌이라고 생각했다(미국 인디애나주에서 농장을 운영하셨던 나의 할아버지도 같은 생각을 갖고 계셨다). 리센코는 자신의 젖소들을 성심성의껏 돌보았고, 그들에게 넉넉하게 먹이를 주었으며, 축사 관리에도 최선을 다했다. 리센코는 젖소들이 우유를 많이 생산함으로써 자신에게 보은할 것이라 확신했다. 그는 어째서 러시아 사람들이 굳이 영국령 건지Guernsey섬과 저지Jersey섬에서 고가의 순혈 젖소를 수입하는지 이해할 수 없었다. 건지와 저지의 순혈 젖소가 단지 우수한 조상을 두었다는 이유만으로 러시아 소들보다 더 많은 우유를 생산한다는 말인가? 마찬가지로 리센코는 바빌로프와 다른 특권 계급 출신의 과학자들이 왜 자신보다 더 나은 과학자로 평가받아야 하는지 이해할 수 없었다. 그는 소련 체제가 자신에게 적들을 분쇄할 가공할 만한 무기를 쥐어주었다는 것을 깨달았을 때, 기꺼이 무기를 휘두르기로 했다. '사회적으로 더 나은 조건에 있는 사람들social betters'에 대한 원한을 키워갔던 이 무구한 농민은 결국 수십 명의 과학자를 죽음으로 몰아넣은 폭군이 되었다. 당시 소련의 지도자들, 즉 스탈린과 흐루쇼프Khrushchev는 현대유전학에 대해 거의 알지 못했고, 리센코의 과학적 견해에 어떠한 오류가 있는지 판단할 능력이 없었다. 다만 그들은 리센코가 자신들과 자신들의 통치를 찬양했다는 점은 알 수 있었다. 두 사람은 모두 리센코처럼 초라한 가문 출신이었으며 서방 세계의 특권과 맞서 싸웠다. 리센코와 직접 대화를 나눈 이후에도 나는 소련 유전학의 비극에 그의 책임이 있다는 기존의 생각을 바꾸지 않았다. 그럼에도 그의 폭거 이면에 있었던 개인적인 동기들을 더 잘 이해할 수 있게 되었다고 생각한다.

1971년의 그 만남 이후 약 25년이 지난 어느 날, 나는 과학의 집 식당을 다시 찾았다. 리센코는 1976년에 이미 사망한 후였으며, 소련이 붕괴한 1991년 이후로도 몇 해가 지나 있었다. 과학의 집의 호화로운 모습은 약간 낡아 보이기도 했지만 여전히 인상적이었다. 그날 나는 미국인 자선사업가 조지 소로스George Soros와 함께였다. 소로스는 소련 붕괴 이후 도움이 절실했던 러시아 과학계를 지원하고 있었다. 소로스는 리센코의 폭거에 고통받았던 유전학자들을 안쓰럽게 생각했다. 몇몇은 수십 년 동안 감옥에 갇혀 있었고, 그중 몇몇은 살아남아 자유의 몸이 되었으나 궁핍하게 살아가고 있었다. 이에 소로스는 이들을 위한 연회를 개최하려 했다. 이날 나와 소로스가 과학의 집을 찾은 것도 이 연회를 열기 위함이었다.

발레리 소이페르Valery Soyfer가 소로스와 나와 함께 연회에 동행 했다. 소이페르는 소련에 살던 시절 리센코주의의 역사를 집필한 유전학자이다. 그 후 그는 미국으로 이민을 떠났다.[12] 기구한 유전학자들이 이 가슴 아픈 재회의 연을 한창 누리고 있을 때, 수십 년 전 이 과학자들을 두고 리센코가 소련의 대의를 저버린 귀족적 반역자들이라고 말했던 바로 그 구석자리 테이블이 내 눈에 들어왔다. 이 과학자들은 전혀 귀족적으로 보이지 않았다. 그들 다수는 닳아빠진 옷을 입고 있었다. 노동수용소에서 고생한 덕에 그들의 허리는 휠대로 휘어 있었다. 소로스는 이제는 나이가 지긋해진 유전학자들에게 그들의 옛 동료들에 대해 이야기해 달라고 부탁했다. 1920년대 '생물학적 종합biological synthesis'의 선구자였던 세르게이 체트베리코프는 체포된 이후 추방되었고, 두 번 다시 학계로 돌아오지 못했다. 테오도시우스 도브잔스키는 정치적 통제에서 벗어나기 위해 미국으로 망명했으며, 그곳에서 이름을 떨치게 되었다. 배수성 종분화polyploidy speciation를 통해 새로운 종을 만들어낸 최초의 인물인 게오르기 카르페첸코는 사형선고를 받고 1941년에 처형되었다. 1920년대 유전학계의 초기 지도자였던 니콜라이 콜초프는 이념적으로 문제가 있다고 고발당한 후 직위에서 해제되었고 곧 학계를 떠났다. 1940년에 체포된 니콜라이 바빌로프는 1943년 옥중에서 아사했다. 리센코의

리센코주의로 인해 몇몇 러시아 유전학자들은 학계를 떠나야만 했다. 뛰어난 유전학자 니콜라이 두비닌도 1948년 유전학계를 떠났으며, 1965년에야 비로소 복귀할 수 있었다.

등장 전후 명성을 날리던 유전학자 니콜라이 두비닌Nikolai Dubinin은 1948년 유전학계를 떠나 다년간 조류학자로서 활동하다가 1965년 이후에야 비로소 자신의 본업으로 돌아왔다. 로마쇼프D. D. Romashov

는 두 번이나 체포되었으나 병으로 풀려날 수 있었다. 그러나 그의 아내는 감옥에서 죽었다. 걸출한 유전학자 티모페예프-레소프스키N. V. Timofeev-Resovskii는 독일로 이민을 떠났지만 베를린에서 체포되었고, 오랜 세월이 흐른 후에야 고국으로 돌아올 수 있었다. 이렇게 수백 명의 유전학자들이 핍박을 받았던 것이다.

우리는 이 과학자들 모두가 순전히 유전학에 대한 그들의 견해 때문에 체포당했었던 것인지 확실히 알 길이 없다. 그 시절에는 소련 전역에서 수많은 사람이 온갖 다양한 혐의로 체포되곤 했다. 그러한 혐의들은 대개 날조된 것이었지만 말이다. 그러나 다수의 러시아 유전학자들은 자신들이 리센코의 교리를 받아들이지 않았다는 이유로 체포되었다고 믿고 있었다. 아마도 대부분의 경우 그 믿음이 아주 틀린 것은 아니었을 것이다.

리센코를 평가한다는 것은 복잡한 일이다. 한편으로 리센코는 수많은 동료의 죽음에 책임이 있다. 다른 한편으로 오늘날 유전학자들은 획득된 형질이 적어도 어떠한 경우에는 실제로 유전된다는 점을 알게 되었다. 이는 리센코의 핵심 주장 중 하나였다. 그렇다면 리센코가 부분적으로나마 옳았던 것일까? 제시한 근거는 틀렸을지언정 그의 결론은 옳았다고 봐야 하는 것일까? 이러한 질문에 대답하기 위해서 우리는 리센코의 과학적 작업을 보다 심도 있게 들여다볼 필요가 있다.

6장 | 리센코의 생물학[1]

"라마르크주의적 관점에서 행해진 작업에서는 그 어떠한 긍정적인 결과도 얻을 수 없다."
— 트로핌 리센코[2]

우리는 모든 사람의 이야기를 당사자의 입장에서 살펴볼 필요가 있다. 이제부터 리센코의 생물학을 살펴보고 최대한 객관적으로 평가해 볼 것이다. 트로핌 데니소비치 리센코는 1898년 우크라이나 폴타바Poltava라는 도시 외곽의 농민 가정에서 나고 자랐다. 그는 폴타바 원예연구소에서 실용적인 농업 교육을 받았고, 우크라이나 이곳저곳에서 학업과 연구를 계속해 나갔다. 그 후 1925년부터 아제르바이잔의 간자 식물육종장the Gandzha Plant Breeding Station에서 농작물의 생장 기간에 대한 연구를 시작하게 된다.

1923년에서 1965년 사이에 리센코는 대략 400편의 저작물을 출판했다. 나는 이 글을 전부 검토했는데, 자기표절이 많았다.[3] 어쨌든 그의 생물학 이론 '체계'의 주요 구성 요소는 대부분 1948년 이

전에 완성되었다고 할 수 있겠다.

생물의 발달에 대한 리센코의 견해는 '영양분 이론the theory of nutrients'이라는 다소 모호한 교리로 정리되어 있다. 그는 '영양분pishcha' 이라는 단어를 매우 넓은 의미로 사용했는데, 식물을 예로 들 경우, 햇빛, 온도, 습도, 토양 속 화학물질, 대기 중의 가스 등 여러 환경적 조건이 포괄되었다. 리센코에 의하면 유전과 관련된 문제에 접근할 때, 우리는 언제나 유기체와 환경 사이의 관계를 고려하는 것에서 부터 출발해야 한다. 그리고 궁극적으로는 환경이 유전을 결정한다는 점을 깨닫게 되어 있다. 리센코가 자신을 비판한 학자들과 논쟁할 때 자신이 유전자의 존재를 부정한 적은 없다고 응수하곤 했지만, 사실 그는 유전자에 관심이 없었다. 그는 세포를 구성하는 특정한 일부분이 아니라 세포 전체가 유전을 매개한다고 믿었다.

어느 정도 유전 연구의 역사에 대한 지식이 있는 독자들은 아마도 리센코가 세포질 유전cytoplasmic inheritance(세포핵 외부에서 발생하는 유전자의 비非멘델주의적 전달)을 통찰력 있게 예지했다고 생각할지도 모르겠다. 그러나 이것은 리센코가 새롭게 주장했던 것이 아니다. 이러한 관점은 리센코에 앞서 이미 독일의 벤다C. Benda(1901)와 메베스F. Meves(1908), 벨기에의 듀스버그J. Duesberg(1913), 그리고 프랑스의 포레-프리몽E. Fauré-Fremont(1908), 기예르몽A. Guillermond(1913) 등 기존의 세포학자들이 견지하고 있던 입장이다.[4] 어찌 되었든 리센코는 20세기 첫 10년 동안 특히 미국과 영국에서 꽃피운 유전학의 위대한 진보를 제대로 파악하지 못한 채 오래된 유럽 학계의 학풍을 따르고 있었다고 할 수 있겠다.

리센코는 획득 형질의 유전설을 결연하게 옹호했다. 그는 '환경 조건의 내재화the internalization of environmental conditions'를 통해 모든 유기체의 유전적 특징이 구성된다고 보았고, 이는 분명히 획득 형질의 유전설과 일맥상통했다. 리센코는 이러한 자신의 유전학적 입장을 마르크스주의의 유물론적 세계관(물질만이 유일한 현실이라는 이론. 여기서 물질은 물리적·생물학적·사회적 층위로 구분됨)과 연결시킴으로써 한층 더 분명히 했다. 그는 DNA와 유전자에 입각한 고전유전학도 유물론적이라고 볼 수 있지 않은가라는 의문에 대해서는 전혀 천착하지 않았다. 그는 다만 다음과 같이 말했다. "유기체가 처한 특정한 환경 속에서 각각의 개별적 차이가 유전된다는 필연을 인정하지 않은 채 자연과 생물의 발달에 관한 유물론적 이론을 정립하는 것은 불가능하다. 다시 말해 획득 형질의 유전설을 부정한 채 이러한 작업을 수행하기란 불가능하다."[5]

리센코의 영양분 이론은 1920년대 말과 1930년대 초 온도가 식물에 미치는 영향에 대해 그가 수행했던 일련의 연구들에 기초를 두고 있다. 리센코는 유기체와 환경 사이의 관계가 유기체의 필요에 따라 확연히 구분되는 몇 개의 단계로 매개된다고 결론 내렸다. 그는 종종 자신의 견해를 '식물의 상相 발달 이론the theory of phasic development of plants'라고 명명했으며, 식물뿐만 아니라 동물까지 함께 다룰 때에는 '영양분 이론'이라는 보다 포괄적인 표현을 사용했다.

리센코는 밀의 봄·겨울 품종들(겨울밀은 가을에 심어져 이듬해 봄이나 여름에 익는다)을 포함한 다양한 곡물을 사례로 들면서, 생장기가 시작될 때 필요한 온도가 생장기가 끝날 무렵에 적합한 온도보다 더 낮다는 점을 지적했다. 곡식을 가을에 심든 봄에 심든, 발아 직전과 직후 시점의 식물에게는 성숙기에 비해 훨씬 낮은 온도가 필요하다는 것이다. 이러한 상대적인 추위는 단순히 배경에 지나지 않는 기후적 조건에 그치는 것이 아니며, 추가적인 진화론적 도약이 있지 않은 이상 추위는 개별 곡물들이 그 생애 주기를 온전히 살아내는 데에 반드시 필요한 조건이라는 것이 리센코의 생각이었다.

리센코는 이러한 접근법에 입각하여 밀의 겨울 품종을 봄 품종으로 전환할 수 있다고 주장했다. 가장 잘 알려진 사례는 그가 1937년 "현재까지 우리가 가장 오랫동안 매달린 실험"이라고 이야기했던 코오페라토르카Kooperatorka 겨울밀 실험이었다.[6] 1935년 3월 3일 리센코는 이 겨울밀 종자를 온실 속에 파종했다. 그는 4월 말까지 눈을 냉각제로 사용하여 온실의 온도를 매우 낮게 유지했다. 이와 같이 춘화처리春化, the vernalization treatment(식물을 저온에 노출시켜 개화를 촉진하는 과정)를 거친 이후에는 눈을 제거하고 온도를 높였다. 처음에는 코오페라토르카 (겨우!) 두 포기로 시작했지만, 리센코에 의하면 한 마리는 도중에 해충에 의해 폐사했다고 한다. 9월 9일 홀로 살아남은 밀 한 포기가 이삭을 팼다. 보통 코오페라토르카는 봄에 자란다는 점을 감안할 때, 리센코는 이러한 결과가 춘화처리의 효과를 증명하는 것이라고 주장했다. 그 후 식물에서 채취한 곡식을 곧바로 다시 온실에 파종했고, 그곳에서 1월 말에 F2세대의 이삭이 팼다(F1

세대란 최초의 부모 식물들을 잡종교배시켜 얻은 자손 식물이고, F2세대는 F1세대의 두 개별 식물을 다시 잡종교배시켜 얻은 결과물이다). 1936년 3월 28일, 세 번째 세대가 파종되어 1936년 8월 종자를 생산했다. 그 후 이 밀은 봄 품종처럼 생장하기 시작했고, 리센코는 식물의 '습관'이 변화되었다고 주장했다.

이 코오페라토르카 겨울밀 실험으로부터 도출될 수 있는 결론은 딱 하나이다. 리센코의 방법론이 과학적으로 엄밀하지 못하다는 점이다. 고작 표본 두 개로 도출된 결론을 두고 과학적으로 잘잘못을 따질 필요도 없다. 아마도 리센코의 코오페라토르카는 이형접합체heterozygous(한 가지 형질에 대해 두 대립유전자, 즉 우성과 열성이 존재하

밀을 살피고 있는 리센코.

는 것)였을 것이다. 살아남은 밀은 봄 품종과 유사한 속성을 띤 이상형異狀型, aberrant form이었을 가능성이 높다. 설사 여러 포기의 밀이 생존했다고 하더라도, 외부 환경이 밀의 유전에 영향을 미쳤다고 가정하지 않은 채 변종들 가운데에서 선택이 자연스럽게 일어났을 것이라 생각할 수도 있다. 겨울밀을 봄밀로 전환시키기 위해 종자를 봄에 파종했을 때, 어쨌든 가을까지 무사히 다 자라게 된 식물들만이 수확 가능한 곡식을 생산할 것이기 때문이다. 이와 같은 선택의 효과는 확실한 순혈종 식물을 실험에 사용함으로써 억제 또는 촉진될 수 있을 것이다. 더불어 여러 종류의 식물을 수 세대 동안 추적하여 신중하게 통계를 작성해야 하며, 여기에는 자라지 못한 식물에 대한 통계도 포함되어야 한다. 또한 실험에는 춘화처리를 하지 않은 식물들로 이루어진 대규모 대조군이 반드시 있어야 할 것이다. 그러나 리센코는 통계를 싫어했고, 엄격한 대조 표본이라는 개념을 알지 못했다. 도리어 그는 시급히 농업계의 필요에 부응해야 하는 시기에 지나치게 세세한 부분들을 따져가며 연구를 지연시켜서는 안 된다고 생각했다. 또한 리센코는 소련 외 다른 나라들에서 리센코의 실험 결과를 재현하려는 시도가 있었지만 모두 실패했다는 사실도 외면했다.[7]

리센코는 춘화 단계가 곡물류뿐만 아니라 다른 모든 식물에도 적용된다고 믿었다. 그는 대부분의 경우 춘화 단계가 여러 발달 단계 중 첫 번째 단계일 것이라 믿었다. 그러나 예컨대 면화 같은 식물은 발달의 초기 단계에서 매우 따뜻한 온도를 필요로 하고, 후기 단계, 즉 면화솜이 피어나는boll-ripening 단계에서는 상대적으로 낮은 온도가 요구된다. 면화 식물의 요구 조건은 밀의 요구 조건과 정반대임에도, 리센코는 어쨌든 온도가 근본적으로 중요한 단계라는 공통점이 있으므로 면화 식물의 초기 단계도 마찬가지로 춘화 단계라고 부를 수 있다고 주장했다. 그에 따르면 식물은 춘화 단계를 거치지 않고서 성숙기에 도달하거나 열매를 맺을 수 없다.

이러한 관찰로부터 리센코는 다음과 같은 일반화된 이론을 도출했다.

> 생장하는 식물에게 필요한 환경 조건이 때에 따라 바뀐다는 사실은, 씨앗의 발아부터 새로운 씨앗의 성숙에 이르는 1년생 종자식물의 발달 과정이 형태적으로나 질적으로나 동질적이지 않다는 점을 의미한다. 식물의 생장은 질적으로 구분되는 몇 개의 단계, 혹은 상相, phases으로 나누어 진행된다. 상이한 생장의 상들을 거치는 과정에서 식물들은 각각 다른 외부 조건(영양분, 일조량, 온도 등)을 필요로 한다. 상들은 식물의 생장에 있어서 필수적인 단계들이며, 모든 식물이 일정한 형태의 기관과 특성을 발달시키는 기초로서 작용한다. 다양한 기관과 특성이 특정한 상을 거칠 때에만 발달할 수 있는 것이다.[8]

리센코의 주된 오류는 연구 대상이 아니라 방법론과 결론에 있었다. 식물의 단계적 발달에 대한 연구는 식물학 내에서 완전히 타당한 연구 주제 중 하나이다. 그것은 서방 생물학 내에 확립된 한 분과이며, 심지어 '생물계절학phenology'이라는 이름까지 가지고 있다. 이 분야는 18세기 린네의 연구로 거슬러 올라가며, 19세기 중반에 이르러 특히 독일과 영국에서 생물학 내의 세부 영역 가운데 하나로 온전히 자리 잡게 되었고, 20세기에 독자적인 학회 및 학술지를 두고 계속 발전해 나갔다.[9] 그렇게 생물계절학은 수천 명의 전문 연구자를 배출했다. 식물의 저온 처리에 대한 방대한 선행연구가 리센코의 연구에 앞서 수 세기 동안 축적되어 왔던 것이다.[10] 1662년 존 에블린John Evelyn은 씨앗을 토양 또는 토탄土炭, peat의 층 사이의 차갑고 습한 조건에 인위적으로 노출시켜 발아를 촉진할 수 있는 방법을 설명하는 보고서를 런던 왕립협회에 제출했다.[11] 이 기술은 1854년경 미국에도 알려졌다. 또한 독일에서는 제1차 세계대전이 끝나기 전 가스너G. Gassner에 의해 연구된 바 있다.[12] 리센코가 '춘화'라고 부르는 것은 종종 다른 곳에서 '저온충적처리cold stratification'라고 불렸다. 다양한 종류의 씨앗이 온도와 습도가 관건인 특정한 조절기conditioning periods를 필요로 한다는 사실은 식물 육종과 관련된 하나의 상식이다.

더욱 중요한 것은 춘화 현상이 리센코가 기각했던 고전유전학을 통해 가장 잘 설명될 수 있다는 점이다. 리센코가 집권하던 기간에, 소련 바깥의 유전학자들과 식물생리학자들은 춘화가 가능한 식물들이 필요로 하는 저온에 대해 연구하여 원인이 되는 유전자들을 식별하고자 했다. 리센코가 권좌에서 추락할 무렵, 유전학자들은 최대 여섯 개의 관련 유전자를 확인했다.[13] 밀과 호밀을 포함한 일부

존 에블린은 1662년 런던 왕립협회에 리센코가 '춘화'라고 부른 현상을 기술하는 보고서를 제출했다.

작물의 경우, 저온 처리의 필요성은 열성형질들로 인해 나타난다. 보리와 밀의 일부 다른 품종의 경우 우성형질들이 그 원인이었다. 리센코는 우성형질과 열성형질의 존재 자체를 부정했다.[14] 이 분야는 오늘날 여전히 발전하고 있다. 연구자들은 리센코의 조잡한 방법

론보다 훨씬 더 고차원적인 절차를 활용하여 조기 발아를 촉진할 수 있는 방법들을 제시하고 있다.[15]

발아 전 씨앗 내부에서 실제 일어나는 과정은 대단히 복잡한데, 여기에는 자연적 생장억제제natural inhibitors와 호르몬 균형을 포함한 생화학적이고 물리적인 변화가 수반된다. 이러한 과정을 조작하기 위한 노력의 일환으로, 연구자들은 씨앗의 온도와 습도를 통제하면서 여러 가지 복잡한 패턴에 변화를 가하기도 했다. 또한 그들은 씨껍질種皮, testa의 투과성을 강화하기 위해 산성 용액 등 다양한 화학물질을 실험에 사용했다.

어떠한 기술이 실험실에서 잠재적으로 유용하다고 밝혀지더라도 곧이곧대로 경제성을 갖추고 현장에 적용될 수는 없는 노릇이다. 씨앗을 땅이나 실험실 쟁반에 뿌리고 몇 주 동안 통제된 온도에 맞춰 물이나 화학물질을 공급하는 일이나 냉난방 시설을 갖춘 특수한 건물을 유지하는 일에는 모두 상당한 자본과 노동이 필요하다. 게다가 춘화 과정은 특정한 곰팡이와 식물 질병의 활성에 이상적인 환경을 제공한다. 많은 연구자는 종종 춘화를 통해 얻는 득보다 더 실이 클 수 있다고 결론지었다.

전기와 냉장 장비가 부족했던 리센코 시대의 소련에서 씨앗을 장기간 균일한 조건하에 보관하는 것은 거의 불가능한 일이었다. 때때로 씨앗은 너무 뜨거워지거나, 너무 차가워지거나, 너무 습해지거나, 너무 건조해졌다. 어떤 씨앗은 너무 빨리 발아했고, 어떤 씨앗은 너무 느리게 발아했으며, 또 어떤 씨앗은 아예 발아하지 못했다. 아마도 이러한 열악한 조건이 좋은 변명거리가 되기도 했을 것이다. 춘화가 한 농장에서 실패했더라도 춘화 과정 그 자체가 아닌 해당 농장의 조건을 탓할 수 있었던 것이다.

리센코는 '춘화'라는 용어를 대단히 느슨하게 사용했다. 식물을 심기 전에 씨앗이나 덩이줄기tubers에 가하는 거의 모든 작용이 '춘화'에 해당될 수 있었다. 리센코가 자랑했던 감자 춘화 과정에는 감자를 심기 전 덩이줄기가 싹을 틔우도록 유도하는 작업까지 포함되었다. 그러나 전 세계의 정원사들은 수백 년 전부터 감자를 싹에 맞춰 몇 조각으로 자른 후 심기 전에 물에 적셔놓음으로써 '춘화'를 실천하고 있었다.

춘화는 주로 두 가지 목적을 위해 시도되었다. 과거에 불가능했던 것을 가능하게 만들기 위해, 즉 기후 때문에 과거에는 특정 작물을 재배할 수 없던 지역에서 새롭게 해당 작물을 재배하고자 할 때 춘화가 간혹 사용되곤 했다. 또한 춘화는 전통적인 농작물을 빠르게 키워내거나 생장 기간이 길어 서리가 내리기 전에 성공적으로 수확하기가 어려웠던 곡식을 키우기 위해 더 자주 적용되었다. 그러나 이런 종류의 실험에서 증거는 매우 쉽게 조작될 수 있었다. 또한 꼼꼼하지 않은 기록 관리와 통계적 방법에 대한 무지는 실험 결과를 검증하는 것을 어렵게 만들었다. 곡물이 익어가는 데에 있어서 2~3일 차이는 대단히 사소한 것이며, 매우 다양한 방식으로 설명될 수 있다. 그럼에도 굳이 춘화의 성공을 열정적으로 주장하는 (전형적인 소련 언론계) 사람들은 부정확한 기록, 균일하지 않은 통제, 가변적인 농경 환경, 충분히 신중하지 못한 검증, 모순된 증거에 대한 묵살, 불순한 식물 품종 등의 문제에 대해서는 눈을 감았다.

리센코는 춘화상the vernalization phase이 식물이 열매를 맺기 위해 통과해야 하는 여러 단계 중 하나일 뿐이라고 믿었다.[16] 하지만 그는 춘화상 외에 다른 단계들은 도대체 무엇인지 제대로 설명한 적이 없다. 리센코에 의하면 많은 곡류의 경우, 일광의 지속 시간이 중요한 '광상光相, photo phase'이 춘화 단계에 뒤이어 곧바로 이어진다. 이 두 단계에서 각각 어느 한 요인(온도 또는 빛)이 유기체의 발달에 중요하지만, 리센코는 이러한 핵심 요인들만으로 식물의 올바른 성장이 보장되는 것은 아니라고 강조했다. 자신의 상 개념을 더 분명히 정의하기 위해, 리센코는 정상적인 조건하에서는 각 단계의 핵심 요인을 제외한 나머지 모든 요소가 적절한 방식으로 존재하며, 따라서 유기체는 각 단계의 핵심 요인만 잘 통제한다면 성공적으로 상들을 통과할 수 있다고 주장했다.

리센코는 자신이 식물 발달의 일반 법칙인 '단계 발달의 법칙'을 확립했다고 주장했다. 물론 일반법칙을 세우려는 시도와 야망 자체는 전혀 잘못된 것이 아니다. 다만 그 작업이 성공하는 관건은 법칙의 엄밀성, 유용성, 그리고 보편성일 것이다. 리센코가 '정상적'이라는 용어를 사용한 것의 함의는 그가 말하는 핵심 요인들이 다른 조건과 다른 지역에서는, 즉 '비정상적'인 조건하에서는 핵심적이지 않을 수도 있다는 것이다. 그렇다면 '정상적' 조건이란 무엇을 뜻하는가? 러시아의 냉대기후의 조건인가, 스페인 온대지역의 조건인가,

아니면 브라질의 열대기후인가? 러시아 북부 지역에서 리센코가 식물의 조기 재배의 핵심적인 요소로 온도를 지목했다는 것은 전혀 놀라운 일이 아니다. 그러나 남반구 지역에서 온도는, 예를 들어 물에 대한 접근성이나 토양의 조건만큼 중요하지 않을 수도 있다. 어느 특정한 한 요소가 장소를 불문하고 '핵심적'일 수 있는가? 만약 그렇지 않다면 리센코가 추구했던 법칙이라는 것이 과연 진정으로 '보편적'인 것인가? 여기서 우리는 분명히 옳지만 그리 독창적일 것은 없는 다음과 같은 결론에 도달하게 된다. 북반구에서는 식물에 온도가 매우 중요하고, 반半사막 지역에서는 물이 중요하며, 어둡고 흐린 지역에서는 빛이 관건이다. 이 결론은 전 세계적으로 흔한 견해일 뿐만 아니라 사실상 하나의 상식이다.

1935년경 리센코는 단순 춘화 연구를 넘어 일반 유전 이론으로 나아갔다. 그는 고전적 유전학자들이 잡종화hybridization 과정에서 어떠한 형질이 우성인지 예측하지 못한 채 수천 가지 조합을 시험해 보는 비효율적인 방식으로 일을 한다고 비판했다. 신속한 경제 성장을 추구한 소련 정부의 압력 아래에서 리센코는 언제나 조급했다. 이러한 조급함 때문에 그는 더 빠른 지름길을 선호했다. 그는 우성이라는 것도 결국 환경의 조건에 달린 것이라고 믿었다. "우리는 잡종 식물이 기존의 생장 환경과 극명히 다른 생존 조건에 처하게 될 때 언제나 그 새로운 환경에 맞추어 우성이 변한다고 주장한다. 새로운 생장 조건에 적응하는 데에 더 유리한 형질이 곧 우성이 되는 것이다."[17] 이러한 관점은 멘델주의의 기본 원칙을 간단하게 부정하고 있지만, 결코 제대로 입증되지 않았다.

리센코는 또한 한 세대를 거쳐 드러나게 되는 표현형phenotype(유전자형과 환경의 영향의 결과로서 관찰 가능하게 드러난 유기체의 형질들)과 유전자형genotype(세포의 유전적 구조) 사이의 구별을 인정하지 않았다.[18] 그는 다음과 같이 역설했다. "유전을 포함하여 한 유기체의 모든 성질의 발달은 본질적으로 무無에서 새롭게 출발하는 것이다. 각각의 새로운 세대마다 그 유기체(예를 들어 한 식물)의 신체가 무無에서 다시 발달하는 것도 마찬가지 원리이다."[19] 표현형과 유전자형 사이의 구별을 무시하는 태도가 리센코의 저술 대부분의 기저에 깔려 있으며, 이러한 방식으로 그는 현대유전학 전체를 부정했다.*

리센코는 유전을 "생존과 발달을 위해 유기체에게 일정한 조건을 요구하고 또 유기체로 하여금 일정한 방식으로 다양한 조건에 반응하도록 하는 생물의 속성"이라고 정의했다.[20] 리센코에 따르면 생물의 유전이란 여러 세대에 걸쳐 외부 환경의 조건으로부터 구성되는 것이다. 이러한 외부 환경 조건에 변화를 가하면 유전에도 변화를 유도할 수 있는데, 리센코는 이 과정을 '외부 조건과의 동화the assimilation of external conditions'라고 불렀다. 일단 동화되면 이러한 외부 조건들은 유기체의 내부적인 것internal이 된다. 즉, 유기체의 본성 혹은

---

* 즉, 리센코는 유기체가 과거 세대로부터 유전적으로 물려받은 타고난 유전자형의 구속력을 인정하지 않았던 것이다. 이는 곧 유기체가 후천적으로 환경에 창의적으로 적응해 나가며 얼마든지 원하는 표현형을 만들어 갈 수 있다는 의미이며, 이를 무(無)에서 새롭게 출발한다고 표현했던 것이다. ― 옮긴이

유전의 일부분이 된다. "유기체에 의해 동화되고 내재화된 외부 조건들은 그 생물의 내부 입자chastitsy가 된다. 그리고 역으로 이러한 입자들은 자신들을 성장시키고 발달시키기 위해 일정한 양분 및 외부 환경 조건들, 즉 과거의 자기 자신들을 필요로 하게 된다."[21] 이 문장의 마지막 부분을 보면, 리센코가 유기체의 발달을 아무런 제약 없이 완전히 임의적으로 조작할 수 있다는 생각과는 어느 정도 거리를 두고 있음을 알 수 있다. '외부 조건'(온도, 습도, 영양분 등)에서 '내부 입자'로 이행하는 메커니즘은 백번 양보해서 '명확하지 않다'라고 말할 수 있을 것이다. 그러나 어쨌든 리센코는 유전 과정을 물질적으로 매개하는 어떠한 운반자material carriers of heredity가 존재한다는 개념에 도달했던 것이다. 이러한 내부 입자들은 언뜻 보기에 유전자를 뜻하는 것 같다. 하지만 리센코의 설명과 그가 말년에 언급한 내용에 비추어 볼 때, 내부 입자는 유전자가 아니다. 즉, 내부 입자는 유전자처럼 조상으로부터 후손에게 전해지는 고정불변하거나 상대적으로 불변하는 유전 요인들이 아니다. 오히려 그것은 내재화된 환경 조건으로서, 그 표현의 측면에서나 가장 기본적인 구조의 측면에서나 굉장히 쉽게 변할 수 있는 것으로 그려진다.

리센코의 입자들은 가장 단순하고 관습적인 의미에서 유전을 초보적으로 이해하는 하나의 방식을 제공했다. 만약 한 유기체가 그 부모가 살았던 환경과 유사한 외부 환경에서 살아간다면, 그 유기체는 부모와 유사한 형질을 드러낼 것이다. 만약 그 유기체가 조상이 살았던 환경과 다른 환경에 처하게 된다면, 해당 유기체의 발달 경로도 그 조상의 발달 과정과 달라질 것이다. 리센코는 유기체가 생존을 도모하는 과정에서 새로운 환경의 외부 조건에 동화될 수밖에 없다고 생각했다. 이러한 동화는 유전적 차이로 이어지며, 이러한 차이는 몇 세대가 지나 아마도 '고정'될 것이다. 원래의 환경에서 유기체들의 유전이 안정적으로 진행되어 왔던 것처럼 말이다. 리센코는 중간 과도기 환경이 바뀌는 시기에 유기체의 유전이 '비고정적shattered'이며 따라서 대단히 가변적일 수 있다고 믿었다. 그는 바로 이 중간 과정에 개입하여 그 유기체를 변형시키거나 심지어 새로운 종을 창조하는 것이 가능하다고 보았다. 그는 자신과 자신의 동료들이 여러 차례 이러한 변형과 창조에 성공했다고 주장했다. 가장 잘 알려진 사례로 서어나무hornbeam tree를 헤이즐넛나무로 변형시킨 실험을 꼽았다.[22] 애석하게도 이러한 주장들 중 그 어떤 것도 확실히 입증된 것은 없다.

리센코에 따르면 세 가지 방식으로 유기체의 유전적 안정성을 흔들 수 있다고 한다. 첫째, 이미 설명한 것처럼 유기체를 낯선 외부 환경에 배치시키는 것이다. 리센코가 보기에 이 방법은 여러 발달 단계 가운데 어느 특정한 단계(예컨대 춘화 단계)에서 특히 효과적이다. 둘째, 한 식물 품종을 다른 품종 위에 접붙이는 것이다. 그렇게 함으로써 접본椄本, stock과 접지椄枝, scion 모두의 유전적 '보수성을 희석'시킬 수 있다. 마지막 셋째, 서식지나 원산지가 현저하게 다른 개체들을 잡종교배시키는 것이다. 리센코는 실험을 통해 이 세 방법을 모두 시도해 보았다.

리센코의 입자들은 찰스 다윈의 '제뮬gemmules' 개념을 상기시킨다. 제뮬은 신체의 모든 세포나 단위가 발산하는 모종의 물질로 추정되었다. 유전자에 대한 개념이 전무했던 다윈의 시대에 이러한 가설은 설명할 수 없는 어떤 것을 설명해 주는 것처럼 보였다. 더욱이 다윈은 자신의 제뮬 가설이 추정에 근거한 것임을 명확히 했고, 따라서 이를 '잠정적'인 가설로 간주했다. 리센코는 기존의 생물학에 의해 훨씬 더 잘 설명되는 현상을 부적절하고 부정확하게 분석했다. 다윈의 노력은 비록 후대에 다른 이론으로 대체되었을지언정 혁신적이고 유용했다. 반면 리센코의 퇴행적인 이론은 다윈 이래 유전과 관련된 과학적 진보와 성취를 모조리 무시했다.

리센코는 입자 중심의 유전particulate inheritance, 즉 상호배타적인 유전mutually exclusive inheritance을 수용했지만, 다른 한편으로 그것을 훨씬 뛰어넘는 어떤 것을 주장했다. 리센코의 프레임은 주로 티미랴제프Timiriazev(1843~1920)에게 의존하고 있었다. 티미랴제프는 또한 그의 선배 생물학자들로부터 영향을 받았다. 다시 말해 티미랴제프의 생물학은 19세기 말 20세기 초라는 시대의 산물이며, 그 당시에는 매우 타당한 것으로 생각되었다. 리센코가 티미랴제프의 생물학을 수용했을 무렵, 유전학은 훨씬 더 고차원적인 이론을 갖추고 있었으며, 리센코는 결코 그 분야를 통달하지 못했다. 티미랴제프와 리센코의 유전 이론은 허드슨Hudson과 리첸스Richens의 상세한 연구에서 제시된 도표를 참고하여 가장 잘 설명될 수 있다.[23] 리센코는 자신의 저작 『유전과 그 변화 가능성Heredity and Its Variability』에서 동일한 도식

표. 유전의 여러 유형에 대한 리센코의 분류

단일유전Simple inheritance
(한 부모만이 관여)

복합유전Complex inheritance
(두 부모가 관여)

-혼잡유전Mixed inheritance
(부모의 형질들이 모자이크처럼
나타남)

-융합유전Blending inheritance
(부모의 형질들이 섞임)

-상호배타적 유전Mutually
exclusive inheritance(어느 한
부모 형질의 완전우성)

-밀라르데주의Millardetism
(F2세대 미분리)

-멘델주의Mendelism
(F2세대 분리)

을 설명한다.[24]

한 부모만이 관여하는 단일유전에는 모든 종류의 무성생식無性生殖, asexual reproduction과 영양생식營養生殖, vegetative reproduction(밀 등의 작물의 자가수분, 덩이줄기나 꺾꽂이용 가지에서 시작되는 번식 등) 그리고 단위생식單爲生殖, parthenogenesis이 포함된다. 복합유전에는 두 부모 개체가 관여하는데, 리센코는 이러한 "이원 유전double heredity이 유기체의 생존 가능성과 다양한 생활환경에 적응하는 능력을 대대적으로 제고시킨다"라고 이야기했다.[25] 리센코는 두 부모로부터 태어난 자손은 잠재적으로 양친의 모든 특징을 소유하고 있다고 생각했다. 반면 근친교배inbreeding나 자가수정self-fertilization은 유기체의 잠재력을 제약하는 결과로 이어진다고 여겨 부정적으로 바라보았다.[26] 그는 또한 인공수정artificial insemination에도 반대했는데, 그 이유는 명확하게 알려

지지 않았다. 어쨌든 리센코에 의하면, 서로 친족이 아닌 부모가 관여하는 이원 유전의 경우, 실제로 발현될 형질들은 첫째, 해당 유기체가 처하게 될 환경에, 그리고 둘째, 유기체의 고유한 속성에 의해 결정된다. 외부 환경과 유기체의 고유 속성 사이의 상호작용은 복합유전의 세 가지 다른 '유형', 즉 혼잡유전, 융합유전, 그리고 상호배타적 유전 등을 구성한다.

리센코가 말하는 '혼잡mixed'유전을 통해 태어난 자손은 그 신체의 서로 다른 부분에서 양쪽 부모 각각의 명확한(융합되지 않은unblended) 특징을 드러낸다. 얼룩덜룩한 꽃들, 얼룩무늬 동물들, 유전학자들이 '키메라chimeras'라고 부르는 형태의 접목수(서로 다른 두 식물을 인위적으로 접목시키면, 해당 개체에서 각각 접지와 접본으로부터 온 유전적으로 상이한 세포들이 모자이크 패턴을 이루게 됨) 등을 그 예로 들 수 있다. 가장 잘 알려진 혼잡유전의 사례는 아바키안Avakian과 이아스트렙Iastreb이 만들어 냈다고 주장하는 잡종 토마토 접목수인데, 접본이 접지의 열매의 색깔 형성coloration에 영향을 주었다고 알려져 있다. 이 실험은 허드슨과 리첸스에 의해 검토되었는데, 그들은 실험의 타당성이 의심스럽다고 결론 내렸다.[27] 만약 토마토 나무가 이형접합체였다면, 그리고 만약 예외적인 교차수분cross-pollination 현상이 일어난 것이었다면, 그러한 결과는 표준 유전학의 관점에서 설명될 수 있을 것이다. 리센코는 접목 잡종화graft hybridization의 강력한 지지자였고, 흥미로우면서도 논쟁적인 작업을 수행했다. 주제 자체는 새로운 것이 아니었다. 다윈은 다수의 19세기 생물학자들과 선택론자들selectionists이 그랬던 것처럼, 진정한 접목 잡종graft hybrids의 가능성을 믿었다. 리센코처럼 기록 관리를 철저히 하지 않았던 루터 버뱅크Luther Burbank 또한 접목 잡종화와 유사한 수액 잡종화sap hybridization 가설을 발전시켰다. 미추린Michurin의 '멘토 이론mentor theory'은 접지가 접본에 영향을 미친다고 가정했다. 이 분야에 대한 논쟁은 여전히 진행 중이다. 그러나 어쨌든 리센코는 실험을 설계함에 있어서 적합한 대조군을 설정하지 않았으며, 이는 곧 그가 신뢰할 만한 과학자가 아니었음을 의미한다.[28]

리센코의 '융합'유전이란 잡종 자손 개체가 서로 다른 부모 개체를 매개하는 중간물이 되어, 자손에게서 부모의 여러 특징이 섞여서 나타나는 유전을 의미한다. 이러한 유형의 유전과 관련된 많은 사례가 알려져 있다. 예를 들어 다른 피부색을 가진 부모의 자녀가 중간 피부색을 갖고 태어나는 사례를 생각할 수 있다. 중간 매개 형태들의 전체 스펙트럼은 멘델 비율Mendelian ratios과 명확한 관련이 없이 나타날 수 있다. 이에 대한 현대유전학자들과 리센코의 해석은 각각 다음과 같다. 유전학자들은 일련의 독립적인 유전자들이 개별적으로 기능하되 그 효과 면에서는 누적적으로 작동한 결과, 연속변이連續變異, continuous variation가 나타난 것이라고 설명한다. 반면 리센코는 단순히 융합된 것이라고 말했다.

'상호배타적' 유전은 리센코가 완전우성complete dominance 현상을 다루기 위해 사용한 용어였다. 리센코는 우성을 통상적인 틀로 파악하지 않았다. 다시 말해 대립형질의 쌍 가운데 오직 어느 한 쪽이 잡

스탈린 시대의 식물학자 이반 미추린은 사후 진화론의 선구자 중 한 명으로 추앙되었다.

종개체의 표현형으로 나타나며, 그것이 곧 우성형질이라고 이해한 것이 아니었다. 대신에 리센코는 우성을 개체와 환경의 관계라는 측면에서 파악했다. 그는 선천적으로 우성 유전자나 열성 유전자가 따로 존재하는 것이 아니라고 믿었다. 오직 "감춰진 내재적 잠재력"이 "발전하는 데에 필요한 외부 조건을 만날 수" 있느냐 없느냐의 문제인 것이다. 표현된 특징들은 우월해서가 아니라 단지 '적절한 조건'을 만난 것이다.[29] 리센코는 이러한 이론이 유전을 원하는 방향으로 통제하는 데에 더 나은 수단을 제공한다고 보았다. 어떠한 다른 형질보다 필연적으로 우월한 형질이 존재하지 않는다고 가정한다면, 이는 곧 인간의 힘으로 우성형질을 열성으로, 열성형질을 우성으로 바꿀 수 있음을 의미할 수도 있기 때문이다.

리센코는 상호배타적인 유전에 '밀라르데주의'와 비하적인 의미로 '소위 멘델주의'라는 두 가지 유형이 있다고 주장한다. 프랑스 식물학자의 이름을 딴 밀라르데주의는 자손 세대에서 '분리segregation'(대립유전자들이 분리되어 상이한 배우체gametes로 전달되는 현상)가 일어나지 않는 잡종들을 설명하는 개념이다. 리센코에 따르면, F1세대에서 나타난 우성은 이어지는 세대에서도 지속된다. 리센코는 형질의 표현에 관한 자신의 일반이론은 유기체와 환경의 관계에 기초하므로 이는 놀라운 일이 아니라고 주장했다. 따라서 올바른 환경은 언제나 적절한 형질의 출현을 가능케 할 것이다. 리센코의 지지자들은 얼마간의 실험들을 인용하며 이러한 현상을 증명했다고 주장했다. 그러나 고전유전학으로는 이러한 사례들을 설명할 수 없다. 그럼에도 리센코가 결론을 도출하는 과정에서 발생한 방법론적 오류가 무엇이었을지 상상하는 것은 어렵지 않다.[30] 그뿐 아니라 리센코의 실험 결과들은 해외에서 검증된 바 없다.

리센코의 마지막 유전 유형인 '소위 멘델주의'는 F2세대와 그 이후 세대에 걸쳐 분리가 발생하는 잡종을 지칭한다. 리센코는 이를 예외적인 유형으로 간주했다. 그는 또한 멘델이 이러한 유형의 유전을 처음 발견한 것이 아니라는 티미랴제프의 주장을 수용했다. 리센코는 멘델의 법칙을 '상아탑에 갇힌scholastic' 이론이자 '생산성이 없는barren' 이론이라고 여겼다. 멘델의 법칙은 환경의 중요성을 반영하지 않는 데다가, 유기체의 종류에 따라 일일이 실증적인 실험을 해

보지 않고서는 어떠한 형질이 표현될 것인지 예측하지 못하는 비생산적인 이론이라는 것이다.

많은 서방 사람이 리센코의 견해가 어떻게 소련 생물학계를 풍미하게 되었는지 이해하고자 할 때, 대부분은 리센코가 인류를 향상시켜 '새로운 소비에트형 인간'을 창조하겠다고 약속했던 것이 중요한 원인이었을 것이라 생각할 것이다.[31] 서방 사람들은 또한 소련 지도자들이 독특한 소비에트형 개인을 최대한 빠른 시간 내에 창조하기 위해, 한 사람의 일생 동안 획득한 형질이 유전될 수 있다는 믿음을 기꺼이 수용했을 것이라고 믿을지 모르겠다.[32] 그러나 이와 같은 생각들은 역사적으로 사실이 아니다. 리센코의 전성기 동안 발표된 리센코의 글이나 소련 지도자들의 연설 가운데 이를 뒷받침할 수 있는 근거는 전혀 확인된 바가 없다. 1920년대의 인간 유전 대논쟁과 뒤이어 등장한 공산당 주도하의 합의에 영향을 받은 리센코는 자신의 이론을 식물과 동물에만 국한시켰다. 그는 생물학을 인간에 적용하는 모든 시도에 비판의 화살을 날렸다. 리센코가 세력을 떨치게 될 무렵인 1930년대 중후반, 나치 독일의 우생학과 인종주의가 그 오명을 떨치기 시작했으며, 이에 소련에서는 우월한 인간의 출현을 생물학 이론에 입각하여 설명하려는 모든 이론이 철저히 부정되었던 것이다. 1958년(리센코가 여전히 집권하고 있을 때) 소련공산당 기관지《프라우다Pravda》는 1920년대 러시아 우생학을 대표하는 저명한 소련의 생물학자 콜초프(1872~1940)를 "'인간 본성의 개선'을 설파하는 싸구려 이론으로 악명 높은 수치스러운 반동분자"라고 비방했다.[33] 비록 일부 서방 논자들은 바로 '인간 본성의 개선'이 리센코 사태의 본질이라고 오해했지만 말이다.

리센코의 생물학을 다루는 장을 이제 마무리해 보자. 우리는 리센코가 현대유전학이 그때나 지금이나 받아들이기 어려운 많은 주장을 펼치고 있음을 확인했다. 그는 멘델의 법칙을 부인했고, 표현형과 유전자형의 구별을 받아들이지 않았다. 또 새로운 종을 창조해낼 수 있다고 주장했으며, 유전이 "생존을 위해 일정한 조건을 요구하는 생물의 속성"이라고 정의했다. 이러한 이론들을 견지하며 리센코는 그 시대의 과학 그리고 오늘날의 생물학과 다른 길을 걸어갔다. 리센코의 전성기가 끝난 이후 오늘날까지 유전학 분야의 새로운 지식이 대거 축적되어 왔다. 그럼에도 현재 우리가 갖고 있는 지식 가운데 뒤늦게나마 리센코의 주장을 정당화해줄 만한 새로운 근거는 애석하게도 존재하지 않는 것처럼 보인다.

획득 형질 유전 개념의 경우, 리센코에게 유독 이 교리에 대한 소유권이 있다고 생각할 이유가 전혀 없다. 20세기의 한 저명한 유전학자가 관찰한 바, 획득 형질의 유전에 대한 믿음은 "19세기 생물학자들 대부분이 갖고 있었던 일종의 마음의 위안이었다."[34] 바로 이러한 이유 때문에 리센코는 획득 형질의 유전설을 지지하기 위해 다윈뿐만 아니라 티미랴제프와 미추린 등을 인용할 수 있었던 것이다.[35] 아마도 누군가는 이 문제와 관련하여 다윈을 변호하기 위해 다음과 같이 첨언할 것이다. 획득 형질의 유전에 대한 다윈의 태도에서 놀라운 점은 그가 획득 형질의 유전을 믿었다는 점(그는 실제로 믿었다) 자체가 아니라, 이 가설에 거의 의존하지 않은 채 그토록 위대한 자신의 이론을 정립해 냈다는 사실이라고.

　그렇다면 리센코는 과연 라마르크주의자였는가? 통상 그는 라마르크주의자라고 여겨지고 있다. 그럼에도 이 질문에는 상당히 재미있는 구석이 있다. 정작 리센코 본인은 자신이 라마르크주의자가 아니라고 했던 것이다. 그는 "라마르크주의적 관점에서 행해진 작업에서는 그 어떠한 긍정적인 결과도 얻을 수 없다"라고 말했다.[36] 그리고 혹시 18세기의 석학 장 바티스트 라마르크가 부활한다면, 그도 아마 리센코가 라마르크주의자가 아니라는 데에 동의할 것이다. 라마르크에게는 리센코의 '유전의 고정성 흔들기shattering heredity' 이론이나 유전이 리센코가 말하는 '내부 입자'를 중심으로 하는 하나의 물질대사 과정이라는 이론에 상응할 만한 사유가 부재했다. 더욱이 라마르크는 '용불용use and disuse'과 '복잡성을 향하는 경향성'을 강조했는데, 이 둘 중 어느 것도 리센코의 이론에 큰 영향을 미치지 않았다. 라마르크주의와 리센코주의는 모두 획득 형질의 유전설을 포함하고 있다. 그러나 이는 라마르크와 리센코 외 다른 수많은 생물학자에게도 해당되는 사항이다. 다시 한번 개념의 용례가 정확성을 압도했다. 리센코는 아마도 영원히 '라마르크주의자'로 기억될 것이다.

　지금까지 살펴본 것처럼 리센코의 과학 연구는 엉성하고 근거가 부족했다. 그러나 일부 논자들은 리센코와 획득 형질의 유전설 사이의 연관관계에 착안하여 후성유전학이 그의 이론 중 일부를 입증했다는 견해를 제시하고 있다. 과연 이것이 사실인지 판단하기 위해서 우리는 후성유전학이라는 이 새로운 과학에 대해 보다 더 자세히 살펴보아야 할 것이다.

7장 | 후성유전학

"유전학의 혁명은 현재 진행 중이다."

— 네사 캐리^{Nessa Carey}1

지난 20년 동안 유전에 대한 우리의 지식에 중대한 변화가 발생했다. 특히 획득 형질의 유전과 관련하여 극적인 변화가 진행 중이다. 지난 세기 대부분의 기간 기각되었던 이 이론이 현재 많은 생물학자에 의해 적어도 특정한 조건하에서는 타당한 것으로 받아들여지고 있다. 그러나 일부 생물학자들은 획득 형질의 유전이라는 용어를 굳이 사용하기보다는 '후성유전적 초세대 유전^{epigenetic transgenerational inheritance}'이라는 표현을 선호한다. 이러한 유형의 유전에 의해 유기체는 일생 동안 획득한 형질을 후손에게 전달할 수 있다.2 아우구스트 바이스만, 윌리엄 베이트슨, 토머스 헌트 모건 등 고전유전학의 선구자들이 이 소식을 들었다면 분명 큰 충격을 받았을 것이다.

20세기 유전학자들이 염색체, 유전자, DNA 등을 점차적으로 이해하는 과정에서 확립한 고전유전학의 핵심은 대략 다음과 같다. DNA는 메신저RNA(mRNA)를 주조하는 주형판 같은 것이며, 이 mRNA는 다시 유기체의 신체를 구성하는 단백질을 생성한다. 정보는 오직 DNA로부터 바깥 방향으로만 전달되며, 결코 외부 환경에서 DNA를 향해 안쪽 방향으로 움직이지 않는다. 유전자의 DNA는 일종의 총괄 지휘자로, 희귀한 돌연변이나 방사선 같은 극단적인 외부의 영향이 작용하지 않는 한 기본적으로 변하지 않는다. DNA가 환경적 요인에 의해 영향을 받지 않고 다만 자기 자신을 계속 복제하려 한다는 점에서 '이기적 유전자'라는 표현이 회자되기도 했다는 점은 주지의 사실이다.[3]

후성유전학이 각광을 받기 훨씬 전부터 위에서 설명한 고전유전학의 표준 모델에 변화가 생기기 시작했다. 그중 가장 중요한 발전을 몇 가지 소개해 볼까 한다. 1950년대 조슈아 레더버그Joshua Lederberg는 '일체의 염색체 외적 유전 요소'라고 정의되는 플라스미드plasmids라는 개념을 창안했다.[4] 1950년대와 1960년대에 바버라 매클린톡Barbara McClintock은 특정한 유전자에 구조적 변화를 가하지 않은 채 그 발현만을 조절하는 '이동성 통제 요소mobile controlling elements,' 다시 말해 '뛰는 유전자jumping genes'에 대한 기념비적인 논문들을 제출했다.[5] 레더버그와 매클린톡은 모두 노벨상을 수상했다. 1958년 내니D. Nanney는 '역동적 유전dynamic inheritance'에 대해 논한 「후성유전적 통제 체제Epigenetic Control Systems」라는 중요한 논문을 출판했다.[6] 1965년 프랑수아 자코브François Jacob, 앙드레 르워프André Lwoff, 그리

프랑수아 자코브, 자크 모노, 그리고 앙드레 르워프로 이루어진 연구팀은 DNA 염기서열 전사 조절(the regulation on transcription of DNA sequences)에 대한 연구로 1965년 노벨상을 수상했다.

고 자크 모노$^{Jacques\ Monod}$는 유전자 발현, 즉 유전자의 '켜짐^{on}'과 '꺼짐^{off}'을 설명한 공로로 노벨상을 받았다.[7] 1991년 랜드먼$^{O.\ E.\ Landman}$은 여전히 수많은 생물학자가 획득 형질의 유전과 분자생물학이 서로 모순된다고 생각하고 있는 현실에 일침을 가했다. 오히려 그는 획득 형질의 유전이 "오늘날의 분자유전학 개념과 완벽하게 양립 가능"하다고 역설하며 그러한 유전의 사례들을 제시했다.[8] 이러한 진전은 21세기 초 후성유전학이 꽃피울 수 있었던 중요한 배경이자 전사前史가 되었다.[9]

최근 후성유전학의 발전과 더불어, 유전과 관련된 기본적인 문제들에 대한 재검토가 활발하게 이루어지고 있다. 여기에는 획득 형질의 유전 개념을 다시 보려는 시도 또한 포함되어 있다.[10] 이러한 새로운 해석에 의하면, DNA와 유전자는 여전히 그 무엇보다 중요하다(리센코주의자들은 자주 이 사실을 무시한다). 그러나 DNA와 유전자는 점차 유전의 '지휘자'라기보다는 일종의 정보 보관소로 인식되고 있다. DNA와 유전자에는 개별적인 정보의 덩어리들이 저장되는데, 이러한 정보는 환경의 영향을 비롯한 이런저런 작용에 의해 이용될 수도 있고 이용되지 않게 될 수도 있다. 이와 같은 새로운 관점에서 볼 때, DNA는 수천 권의 책(인간은 약 2만 개의 유전자를 갖고 있다)을 보유한 하나의 거대한 도서관에 비유될 수 있다. 이러한 책들 가운데 어떤 것들은 자주 읽히는 데에 비해, 몇몇은 거의 읽히지 않을 것이며, 심지어 일부는 정상적인 조건하에서는 전혀 읽힐 일이 없을 수도 있다. 다양한 종류의 통제가 특정한 책들에 가해질 수 있다. 그렇게 함으로써 책들을 처리하고 읽는 방식이 꽤나 달라질 수 있는 것이다. 어떤 책들은 일종의 '표식featured'이 있어 쉽게 찾을 수 있는 반면, 또 어떤 책들은 일시적으로 열람이 금지될 수도 있다. 또한 도서관에 비치된 책들은 정기적으로 보완되고, 변경되며, 심지어 폐기되기도 한다. 이러한 비유를 유전학에 적용한다면, 최근 몇몇 생물학자가 이야기하기 시작한 '게놈 가변성genome inconstancy'이라는 개념을 이해할 수 있을 것이다.[11] 그렇다면 이 모든 과정의 지휘자는 누구인가라고 물었을 때, 과거에는 비교적 단순하고 명쾌한 답이 있었지만 현재로서는 그 답을 내기가 쉽지 않다. 복수의 지휘자들이 있는 것처럼 보이며, 환경적인 요소도 그 가운데 하나이다. 도서관의 비유를 조금 더 써보자면, 읽힐 수 있는 도서관의 책들은 표현된 유전자, 또는 켜진turned on 유전자에 해당된다. 읽을 수 없는 책들은 표현되지 않은, 꺼진turned off 유전자와 유사하다고 할 수 있겠다.

DNA 내부의 일정한 메커니즘이 이러한 현상을 설명해 줄 수 있을까? 최근 화학기chemical groups가 DNA 자체를 바꾸지 않고 그 발현만 변화시키는 방식으로 DNA에 결합될 수 있다는 사실이 밝혀졌다. 후성유전학에 따르면, 이러한 화학기 중에서도 탄소 원자 하나에 수소 원자가 세 개 붙은 메틸기a methyl group(CH3)가 중요하다. 메틸기는 DNA와 결합하여 유전자의 발현을 억제하거나 막을 수 있다. 나아가 어떠한 경우(정확히 어떠한 경우들인지는 여전히 논쟁 중이다) 그러한 'DNA의 메틸화된' 상태methylated DNA가 해당 세포의 일생뿐 아니라 이 세포부터 파생된 세포들에서도 지속될 수 있는 것으로 보인다. 이와 같은 파생 세포의 계보에서는 꺼져 있는 유전자가 적어도 몇 세대 동안 계속 꺼져 있는 상태로 유지된다. 환경의 영향은 메틸화뿐만 아니라 '탈메틸화demethylation'도 유발할 수 있다. 다시 말해 후성유전적 유전은 가역적인 과정인 것처럼 보인다. 더욱이 메틸기 이외의 다른 화학기들이나 DNA의 물리적 배치(DNA가 접히는folded 방식) 또한 유사한 효과를 낼 수 있는 것으로 파악되고 있다.

그런데 식물의 후성유전적 유전은 비교적 잘 확립되어 있는 반면, 포유류의 후성유전적 유전에 대해서는 확인된 바가 많지 않다. 최근 두 명의 전문가가 저명한 생물학 저널《셀Cell》에 쓴 것처럼, "반세기 전부터 이미 식물 사례에서 유전 가능한 후성유전적 변이에 대한 증거가 발견되었다".[12] 더 논란이 되는 부분은 인간을 포함한 포유류에서 그러한 초세대적 유전이 가능한지 여부이다. 포유류의 경우, DNA의 메틸화가 종종 재생산 과정에서 해제된다. 논문의 저자들은 포유류의 후성유전적 유전이 아직 증명되지 않았다고 주장한다.[13] 그러나 논란은 지속되고 있다. 인간과 다른 포유류에서도 초세대적 후성유전적 유전이 가능하다고 보는 글들이 주류 학술지와 주요 대중 언론에 속속 실리고 있다. 불행하게도 일부 대중 언론 보도들은 다소 과장된 주장을 펼치고 있다. 2010년 독일의 시사지《슈피겔Der Spiegel》은 후성유전학의 새로운 발전을 소개하면서 「유전자를 극복한 승리Victory over Genes」라는 헤드라인을 뽑았다.[14] 2014년 8월 15일,《사이언스Science》에 게재된 한 논문 또한 다음과 같이 언급했다. "인간과 동물에 대한 연구들은 태아기에 경험한 환경prenatal environment이 성인이 된 이후의 건강 상태에 영향을 미친다는 점을 보여주었다. (…) 신진대사 건강metabolic health에 불리한 요소들이 초세대적으로 전달될 수 있다."[15] 그러나 포유류에 대한 대부분의 연구는 이러한 영향이 2대 혹은 3대 이상 지속되지 않는다는 것을 보여주고 있다.

후성유전학과 관련된 유명한 사례는 맥길대학교의 마이클 미니와 컬럼비아대학교 등지에 자리 잡은 그의 제자들이 수행한 쥐 실험이다.[16] 1장에서 살펴본 것처럼, 미니의 연구실에서 어미가 덜 핥아준 새끼 쥐들은 커서 각종 스트레스성 증상을 보였으며 자신의 새끼들을 핥아주는 일을 소홀히 했다. 반면에 어미가 자주 핥아준 새끼들은 성장하여 자신의 새끼를 낳았을 때, '열심히 핥아주는 어미lickers'가 되었다. 이 쥐들은 자기 새끼들을 자주 핥아주었고, 그 새끼들은 다시 그들의 새끼들에게 똑같이 해주었다. 이 사례를 볼 때, 어미의 관심과 털 핥아주기(아마도 인간이 '애정'이라고 부르는 것에 해당할 것이다)가 유전 가능한 효과를 만들어 내는 것처럼 보인다(시베리아 여우의 사례도 이와 마찬가지라고 할 수 있겠다). 과학보급자들popularizers은 곧바로 이 실험에 매료되어 동일한 결과가 인간에게도 적용될 것이라고 추정했다. 그들은 방치되고 학대당한 아이들이 성장하여 똑같이 그 자신의 자녀를 방치하고 학대하는 부모가 될 가능성이 높을 것이라 생각했다.

미니의 쥐 실험에 잠시 논의를 국한해 보자. 우리는 "그러한 효과가 나타난 원인이 무엇인지" 물을 수 있을 것이다. 그것이 과연 유전적인 효과인지는 분명하지 않다. 학습된 행동에 의한 효과일 수도 있기 때문이다. 새끼 쥐들은 어미 쥐로부터 좋은 어미가 되는 방법을 배운 것일 수도 있다. 미니는 이 명료한 가설에 대해서도 잘 알고 있었다. 그는 이를 반박하면서 다음과 같은 사실을 제시했다. 자기 자신의 새끼들을 잘 핥아주는 어미로 성장한 새끼 쥐들의 뇌에는 그렇지 않은 쥐들에 비해 더 많은 글루코코티코이드glucocorticoid 수용기가 발견되며, 이로써 스트레스에 더 잘 견딜 수 있는 쥐가 되었다는 것이다.

그렇다면 이러한 현상의 원인은 또 무엇인가? 미니의 동료 중 한 명인 분자생물학자 모셰 스지프Moshe Szyf는 DNA 메틸화를 특히 암과의 연관성에 집중하여 연구한 바 있다. 그와 미니는 DNA 메틸화가 발암에 영향을 미치는 유전자를 '켜고 끄는$^{on-off}$' 스위치 역할을 한다고 가정했다. 이와 비슷한 일이 미니의 쥐들에게도 벌어질 수 있을까? 그들은 미니의 쥐를 두 그룹(털 핥기를 자주 당한 그룹과 그렇지 않은 그룹)으로 나누어 연구했고, 쥐들의 DNA에서 상이한 메틸화 패턴을 발견했다. 그들의 연구는 어미 쥐의 핥는 행위가 새끼 쥐의 DNA에서 메틸기$^{methyl\ groups}$를 제거할 수 있다는 흥미진진한 가설로 이어졌다. 이 가설이 정확하다면, 어미가 핥아준 새끼와 그렇지 않은 새끼 간의 차이는 획득된 형질이 유전된 것일 수 있고 심지어 이 과정은 되돌려질 수도^{reversible} 있는 것이다. 그러나 아직까지 이러한 현상이 발생하는 과정을 단계별로 모두 설명할 수는 없으므로, 생물학자들 대다수는 여전히 회의적인 태도를 견지하고 있다.

세계 유수의 과학 출판물인 《네이처》와 《사이언스》는 모두 이상의 실험들에 근거한 미니와 스지프의 논문을 받아들이지 않았다.[17] 출생 이후에는 DNA 메틸화 상태에 변화가 발생하지 않는다는 것이 통상적인 견해였는데, 이 논문은 그러한 통념과 모순되었던 것이다. 그러나 결국 미니와 스지프의 논문은 2004년 《네이처 뉴로사이언스》에 게재되었고, 곧이어 일대 논란을 일으켰다.[18] 그러나 이것이 끝이 아니었다. 식물뿐만 아니라 동물에게서도 후성유전적 변화의 근거들이 나날이 축적되어 갔던 것이다.[19]

쥐를 대상으로 한 교차양육$^{cross-fostering}$ 실험은 후성유전학이 서로 다른 메틸화 패턴을 설명할 수 있다는 관점을 강화시켰다(그러나 증명하지는 못했다). 자주 핥아주지 않는 어미로부터 태어난 쥐를 생모로부터 떼어내어 더 잘 핥아주는 다른 쥐에게 키우도록 했을 때, 이렇게 '어미가 바뀐transferees' 새끼 쥐들은 성장하여 잘 핥아주는 어미가 된다는 것이다. 그리고 그 역 또한 사실이었다. 자주 핥아주는 어미로부터 태어난 어린 쥐를 잘 핥아주지 않는 다른 어미 쥐에게 키우게 하면, 이 어미 바뀐 새끼 쥐들은 자기 새끼들을 잘 핥아주지 않는 어미로 성장했다.[20]

비슷한 효과들이 인간에게서도 발견될 수 있을까? 2009년 미니는 어린 시절 학대를 받고 끝내 자살한 사람들의 뇌를 그러한 고통을 경험하지 않은 사람들의 뇌와 비교했다. 자살한 사람들의 뇌에는 자주 핥아주지 않는 어미 밑에서 자란 쥐의 뇌에서 보이는 것과 유사한 메틸화의 표지가 있었다.[21] 다른 연구원들은 자폐증, 천식, 비만에 대한 연구를 통해 미니의 실험을 뒷받침하는 증거들을 발견했다. 이러한 질병들이 뉴욕시의 할렘Harlem과 브롱크스 남부the South Bronx의 환경오염이 아이들에게 미친 영향과 관련이 있을 수 있다는 것이다.[22]

이 선풍적인 결과는 곧바로 큰 논쟁으로 이어졌고, 미니의 논문은 《네이처 뉴로사이언스》에서 가장 많이 인용된 논문들 중 하나가 되었다. 논자들은 재빨리 미니의 연구가 '증거'가 아닌 상관성association에 바탕을 두고 있으며, 미니 본인뿐만 아니라 그 누구도 환경의 영향이 메틸화를 일으킬 수 있는 분자 단위의 메커니즘을 알지 못한다고 지적했다. 많은 중간 고리들이 빠져 있는 것처럼 보이는 미니의 견해는 자주 도발적이고 도전적인 것으로 간주되었다. 그럼에도 과학계는 분명히 그의 연구, 그의 학생들의 연구, 그리고 이러한 연구 방향을 따르는 다른 많은 후속 연구자의 연구에 주목하고 있었다.[23]

인간의 후성유전적 유전의 사례를 뒷받침하는 또 다른 연구 분야는 기근의 파급력에 관한 연구들이다. 당연히 우리는 굶주림이 어떠한 유전적 영향을 주는지 알아내기 위해 인위적으로 사람들을 그토록 극단적인 고통에 몰아넣어서는 안 된다. 그러나 때때로 인간의 잔인함은 이러한 실험이 가능한 조건을 창출해냈는데, 1944~1945년 겨울 네덜란드 기근이 그러한 사례 중 하나일 것이다. 1944년 가을, 나치 독일군은 연합군의 대대적인 반격을 앞두고 후퇴하고 있었다. 그러나 그들은 여전히 암스테르담 등 네덜란드의 많은 지역을 점령하고 있었다. 네덜란드의 게릴라들은 후방에서 독일에 맞서 싸웠다. 이에 대한 보복으로 독일은 해당 지역에 식량 금수 조치를 내렸다. 그해 겨울은 단연코 네덜란드 현대사 최악의 겨울이었다. 1945년 2월 말 시점에서 하루 평균 식량 공급량이 580칼로리로 급감했다(평균 여성의 일일 정상 칼로리 섭취량은 2,300칼로리, 남성은 2,900칼로리이다). 그리고 같은 해 5월 기준 약 2만 2000명의 사람들이 굶어 죽었다. 임산부를 포함한 거의 모든 생존자들은 심각한 영양실조에 시달려야 했다.[24] (오드리 헵번Audrey Hepburn은 유년기에 바로 이 기근을 경험했으며 평생 동안 빈혈과 호흡기 질환에 시달려야 했다.)

네덜란드인들은 꼼꼼하게 기록을 남겼고, 이 시기의 사망, 출생,

질병, 장애와 관련된 완전한 인구 통계를 생산해 냈다. 여기에는 기근 동안 혹은 기근 직후 태어난 신생아, 그리고 이때 태어난 사람들의 여러 세대 후손에 대한 모든 통계가 포함되어 있다. 생존자와 그 후손에 대한 통계는 현재 네덜란드 기근 코호트 연구Dutch Famine Cohort Study라는 이름으로 완전히 공개되어 있다.[25]

이 연구들이 보여준 결과는 놀랍게도 초세대적 후성유전적 유전을 나타내는 것처럼 보인다. 기근 동안 임신 중이었던 여성의 손자손녀들은 비정상적으로 높은 비율로 장애를 겪어야 했다. 정작 이 손자손녀 세대의 어머니들은 임신 기간 정상적으로 음식을 섭취했음에도 말이다. 한 논자는 이를 두고 '할머니 효과a grandmother effect'라고 이름붙였다.[26] 이들 손자손녀들은 매우 높은 비율로 비만, 당뇨, 관상 동맥성 심장 질환coronary disease, 유방암, 폐 및 신장 질환, 우울증 등 다양한 질병에 시달렸다.

다시 한번 비판적인 논자들은 미니의 쥐 실험 사례 때와 동일한 약점을 지적했다. 즉, 기근 관련 연구들은 모두 엄밀한 증거가 아닌 상관성에 기초하고 있다는 점이다. 통계학자들은 상관성과 증거proof 사이의 차이가 크다는 점을 잘 알 것이다. 그러나 상관성이 아무리 약하더라도 근거evidence의 한 형태이며, 후성유전학 지지자들은 지속적으로 같은 방향을 가리키는 상관성의 수많은 사례를 축적하면서 자신들의 주장을 강화해 왔다.

일부 러시아 과학자들은 앞에서 살펴본 후성유전학의 부상 및 후성유전학과 획득 형질의 유전설 사이의 관련성에 주목하면서, 리센코와 리센코주의를 재검토해야 한다고 주장하고 있다. 이러한 흐름을 관찰하는 것은 서방의 논자들에게 대단히 즐거운 일이다. 최근 수많은 출판물들이 리센코를 찬양하며, 그의 과학적 주장이 타당했다고 소리 높이고 있다. 다음 장에서 우리는 이러한 리센코주의의 부활, 그리고 그것이 러시아 유전학계에 어떠한 의미를 갖는지를 살펴볼 것이다.

8장 | 리센코주의의 부활

> "비록 얼마 전까지만 해도 우리는 라마르크주의를 반과학적이라고 생각해 왔지만, 이제 그에게 부분적으로 동의할 수 있다. 리센코 동지의 얼굴이 우리 앞에 어른거리는 것 같다."
> — 알렉세이 보이코Aleksei Boiko, 2013년 11월 4일[1]

1990년대와 2000년대에 러시아 과학자들과 과학저술가들science writers은 점차 서방에서 빠르게 발전하던 후성유전학이라는 새로운 분야에 대해 인지하게 되었다. 그리고 후성유전학과 획득 형질의 유전 개념 사이의 관련성은 러시아에서 리센코주의를 부활시키려는 움직임에 영감을 주고 있다.[2]

리센코를 찬양하는 다수의 논문과 책이 등장했고, 저자들은 최근의 과학적 발전에 의해 리센코의 견해가 옳았음이 확인되었다고 소리 높였다. 한 저자는 이 현상을 두고 "리센코를 무덤에서 다시 불러내는" 시도라고 불렀다.[3] 러시아의 구글이라고 할 수 있는 얀덱스Yandex에서 '리센코'와 '후성유전학'을 (러시아어로) 검색해 보면, 관련된 논문, 단행본, 그리고 인터넷 블로그 등이 한가득 나온다. 그 제목들은 대개 다음과 같다.

"현대생물학에 의해 트로핌 데니소비치 리센코의 진리가 확인되었다."[4]

"센세이션!: 리센코 원사가 옳았던 것으로 드러나!"[5]

"트로핌, 당신이 옳았소!"[6]

"리센코가 바이스만주의자들과 모건주의자들보다 진리에 더 가까웠
다."[7]

"리센코가 옳았다!"[8]

"위대한 생물학자 리센코를 기리며"[9]

러시아에서 후성유전학은 시작부터 다른 어느 국가에서보다
더 정치적인 성격을 띠며 많은 논란에 불을 지폈다.[10] 어찌 되었든
러시아는 유전학의 역사에서 매우 특별한 위치를 차지하고 있는 나
라다. 리센코의 명예는 한 세대 이상 바닥에 떨어져 있었지만, 그럼
에도 그의 이름은 줄곧 획득 형질의 유전 개념과 긴밀히 연결된 채
기억되고 있었다. 현재 일부 후성유전학자들은 후성유전적 유전이
가능할 뿐만 아니라 점점 더 그 근거가 강화되고 있다고 생각하고
있다. 이러한 흐름이 리센코의 명성과 입지에 관해 의미하는 바는
무엇일까?

후성유전학의 등장은 대부분의 주류 러시아 유전학자들을 경
악케 했다. 그러나 그것은 구소련에 향수를 느끼던 사람들에게는 하
나의 기회로 다가왔다. 놀라울 정도로 많은 사람이 여전히 리센코를

지지한다는 목소리를 과감하게 내기 시작했다. 그들 중 상당수는 스탈린주의자들이었고 대부분은 현대유전학에 대해 무지했으나, 소수의 논자는 새로운 후성유전학을 이유로 들어 라마르크와 리센코의 부활을 주창했다.[11] 심지어 한두 명의 매우 존경받는 유전학자들도 이러한 리센코 열풍에 합류했다.

이 문제와 관련하여 크게 주목받은 한 기사가 소련 시절 러시아 지식인들에 의해 사랑받고 널리 읽혔던 신문《리테라투르나야 가제타Literaturnaia Gazeta》에 실렸다. 소련 시대에도, 심지어 리센코가 권력을 쥐고 있었을 때에도, 이 신문은 리센코를 비판하는 기사들을 실었다.[12] 또 2002년 이 신문은 점성술, 초자연적 현상, 마법 등을 조명한 다른 러시아 언론사의 여러 기사를 맹렬하게 비판했다. 필자 코로츠킨L. Korochkin은 자신이 비판했던 글들을 '신리센코주의neo-Lysenkoism'라 부르며 조롱했다.[13]

그런데 몇 년 후 2009년,《리테라투르나야 가제타》는 돌연 리센코의 부활을 이야기하는 기사를 게재했다. 그즈음 리센코가 숱한 비극을 몰고 왔던 사기꾼이라는 기억이 빠르게 잊히고 있었다.[14] 해당 기사의 저자는 미하일 아노힌Mikhail Anokhin이라는 소아과 의사였다. 그는 호흡기내과학과 생리학을 전공했고, 40여 년간의 의사 생활을 마친 후 평론가, 단편 작가, 극작가로 활동하고 있었다. 스스로를 '생물학 박사'라고 칭하던 아노힌은 유전학에서 일대 혁명이 일어났다며 운을 떼었다. 그리고 그는 그레고어 멘델, 토머스 헌트 모건, 그리고 20세기 대부분의 생물학자들이 연구하고 전파한 형태의 유전학은 "끝났다^{dead}"라고 선언했다. 아노힌은 후성유전학이라는 새로운 과학이 고전유전학을 대체하고 있으며, 이는 유전에서 환경의 역할을 강조했던 트로핌 리센코의 미추린주의 생물학과 유사하다고 주장했다.[15] 그러나 아노힌은 리센코가 분자생물학을 무시했다는 사실을 간과했다. 그는 분자생물학과 후성유전학이 고전유전학의 계보에서 성장한 분과라는 사실 또한 무시했다. 후성유전학은 새로운 지식으로 고전유전학을 보완한 것이지, 결코 대체한 것이라고 볼 수 없다. 후성유전학의 기본 원리는 '유전자'가 염색체의 특정 부위에 실제로 위치한다고 분석했던 멘델, 모건, 그리고 그들의 뒤를 잇는 20세기의 여러 후학 유전학자들의 연구 없이는 성립될 수 없었다.

아노힌은 유전학의 역사를 잘못 이해한 것 외에도 다른 오류들을 범했다. 예를 들어 그는 리센코가 유일하게 저지른 중대한 실수는 자신의 이론에 입각하여 인간 유전을 재구성할 수 있다고 믿은 것이라고 주장했다. 그러나 지금까지 살펴본 것처럼, 리센코는 언제나 자신의 관점을 인간에게까지 확장하기를 거부했으며 엄격하게 동식물에게만 적용했다. 아노힌은 또한 리센코가 흐루쇼프를 비판했기 때문에 권좌에서 밀려났다고 언급했다. 실상은 리센코가 흐루쇼프의 지지를 받았다는 것이며, 흐루쇼프가 1964년에 실각한 뒤인 1965년에야 비로소 리센코가 그 지위를 잃었다는 점이다.

아노힌은 이반 파블로프나 니콜라이 바빌로프 같은 다른 유명한 러시아 과학자들보다 리센코가 훨씬 더 중요한 인물이라고 주장했다. 그의 글은 엄청난 파문을 일으켰고 600여 개 이상의 반박문을 이끌어 냈다. 그러나 이러한 비판의 목소리의 대부분은 정작 이 기사를 간행한 신문이 아닌 다른 간행물이나 개별적인 서한을 통해 공개되었다.[16] 《리테라투르나야 가제타》의 편집자들은 자신들이 실은 글에 대해 큰 불만이 없는 것처럼 보였다. 그들은 아노힌을 지지하는 반응 하나와 그를 비판하는 글 한 편을 소개하는 정도에 만족했고, 이 문제가 결론이 없는 열린 논쟁이라는 듯한 인상을 남겼다.[17] 그리고 6년이 지난 2015년, 편집자들은 바빌로프를 비난하고 리센코를 찬양하는 아노힌의 기고문을 추가로 게재해 줌으로써 자신들의 입장을 보다 분명히 드러냈다.[18] 아노힌의 주장에 격분한 수많은 비평가가 여기저기서 들고 일어났다. 블라디미르 구바레프Vladimir Gubarev라는 논자는 아노힌을 두고 '과거에서 온 악마'이자 '거짓말쟁이'라고 힐난했다. 그는 또한 《리테라투르나야 가제타》의 편집자들이 "우리 모두를 배신"했다며 맹비난했다.[19]

　몇몇 저명한 유전학자도 아노힌의 글에 반응을 보였다. 러시아 과학아카데미 분자유전학연구소 소속 블라디미르 그보즈데프Vladimir Gvozdev 학술위원은 우선 "유전학에 대해 무지하며 시종일관 횡설수설하는 아노힌의 글을 분석한다는 것은 사실 말도 안 되는 짓"이라고 운을 뗀 후 아노힌의 글에 대한 분석을 이어갔다. 아노힌은 복제양 돌리Dolly의 탄생과 1983년 노벨상 수상자 바버라 매클린톡의 유전적 전위genetic transposition에 관한 연구가 리센코의 이론을 입증했다고 주장했다. 이에 대해 그보즈데프는 그 둘은 모두 "리센코의 반과학적 견해와 아무 상관이 없다"라고 응수했다.[20] 러시아 과학아카데미의 가리 아벨레프Garri Abelev 학술위원도 마찬가지로 아노힌을 비판하며, "우리는 오래전에 리센코에 대한 검토를 끝냈으며 이제 와 그의 중요성을 주장하는 그 어떠한 시도도 받아들일 수 없다"라고 선을 그었다.[21]

그의 오류와 잘못된 인식에도 불구하고, 아노힌은 21세기 초 러시아 사회의 일부 집단에 깊은 인상을 남겼다. 푸틴이 러시아의 지도자로 부상하면서 민족주의, 소련 시절에 대한 향수, 반서구적 정서도 함께 고조되었는데, 리센코와 같은 인물을 발굴하여 그를 서방 생물학자보다 더 우수한 구소련 시대의 과학자로 추앙하는 시도는 이러한 새로운 조류에 정확히 부합하는 행보였던 것이다.

아마도 유리 무힌Iurii Mukhin보다 더 열렬한 리센코의 지지자는 이 세상에 존재하지 않을 것이다.[22] 무힌에 따르면 리센코는 "20세기의 걸출한 생물학자"였다.[23] 무힌은 리센코가 지지했던 미추린주의 생물학이 완전하게 발전할 수만 있었더라면, 러시아 생물학자들이 더 많은 노벨상을 받았음은 물론, 암, 에이즈, 당뇨 등의 치료법을 진작 발견할 수 있었을 것이라고 주장했다.[24] 무힌에 따르면 1960년대 소련 정부는 이러한 노선을 따르기는커녕 분자생물학자들의 '멍청한stupid' 견해에 설복되어 리센코와 그의 지지자들을 박해했으며 그들이 연구를 계속하지 못하도록 가로막았다. 무힌이 생각하기에, 리센코에 반대했던 분자생물학자들과 고전유전학자들은 '쓸모없는' 연구를 위해 러시아 인민의 피 같은 돈을 갈취하는 '기생충'이었다. 심지어 어느 시점에서 무힌은 그들을 '유대인 기생충'이라고 부르기도 했다.[25] 이들 유전학자들은 아무 가치 없는 지식만을 생산했지만 리센코는 소련 농업에 막대한 혜택을 가져왔다는 것이 무힌의 생각이었다. 나아가 그는 소련 시대의 집단농장이 '풍요로웠다'라고 역설하며, 수백만 명이 희생된 1932~1933년 대기근의 역사를 부정했다. 이러한 거침없는 주장을 뒷받침하기 위해 무힌은 오랫동안 그 신빙성이 의심되어 온 소련 농업 통계를 인용했다.[26]

유리 이그나예비치 무힌Iurii Ignat'evich Mukhin에 대해 보다 자세히 살펴보자. 금속공학자로 훈련받은 그는 한 합금공장의 공장장을 지낸 인물로, 생물학을 정식으로 공부한 적은 없다.[27] 1990년대 중반 이후 자신의 전문 분야를 떠나 정치운동가 겸 열렬한 스탈린주의자로서 활동을 시작했다. 그는 공산주의 성향의 신문《자프트라Zavtra(Tomorrow)》와《덴Den'(Day)》, 그리고 뒤이어 러시아 민족주의와 반유대주의를 고취시키는 신문《두엘Duel'(Duel)》을 창간하고 편집했다. 그는 스탈린과 악랄한 비밀경찰의 수장 라프렌티 베리야Lavrentii Beria를 아낌없이 칭찬했다. 그의 견해는 너무나 급진적이어서 2008년 한 러시아 법정에서 그를 '극단주의자'로 명명한 일이 있었을 정도였다. 그럼에도 그는 신문《크 바리예루K Bar'eru(To the Barrier)》의 편집작업을 계속해 나갈 수 있었다.[28]

무힌은 스스로도 유전학과 분자생물학에 대해 잘 알지 못한다는 점을 인정한 바 있다. 리센코의 지지자들 가운데 유전학에 대해 어느 정도 알고 있었던 부류와는 대조적으로, 그는 2014년까지 후성유전학을 언급하지 않았다. 그가 '바이스만-모건주의자들'을 비판하는 방식은 리센코의 방식과 매우 흡사했다. 무힌에 따르면 소련의 고전유전학자들은 관대한 소련 정부가 봉급과 연구 설비 지원의 형태로 제공한 자금을 축내는 존재들일 뿐, 현실 문제에 중요한 기여를 한 적이 없었다. 그는 멘델주의와 분자유전학이 "본질적으로 생산적이지 않다^fruitless"라고 주장했다.[29] 무힌은 또한 리센코의 가장 잘 알려진 적대자 니콜라이 바빌로프를 외국 간첩으로 묘사하곤 했다.[30] 리센코의 전성기 이후의 유전학의 발전을 이해함에 있어서 그는 주로 바버라 매클린톡의 연구를 참조했는데,[31] 심지어 매클린톡에게 주어진 노벨상을 리센코가 받았어야 했다고 주장했다. 리센코가 '반세기'나 앞서 매클린톡의 연구를 예지했기 때문이다.[32] 그러나 무힌은 매클린톡이 스스로를 정통유전학자로 여겼으며 (매클린톡은 미국유전학회의 회장을 역임한 바 있다) 리센코가 경멸했던 현대유전학에 통달했다는 사실에는 귀를 기울이지 않았다. 오히려 무힌은 유전학자들을 평가하면서 '형편없는^rubbish,' '반계몽주의^obscurantism,' '명청한 바보들의 자랑^pride of stupid idiots,' '매춘부'(그가 쓴 『유전학은 매춘부다^Genetics: A Prostitute』라는 제목의 책이 있다) 등의 단어들을 사용했다.[33]

2014년 무힌은 돌연 후성유전학이라는 패를 집어 들었다. 그러고는 리센코를 복권시키려는 자신의 싸움에 후성유전학을 끌어들이며 이 새로운 과학을 상찬하기 시작했다.[34] 2014년 3월 27일, 《셀》은 「초세대적 후성유전적 유전: 신화와 메커니즘^Transgenerational Epigenetic Inheritance: Myths and Mechanisms」이라는 제목의 논문을 발표했다. 매사추세츠공과대학교^MIT에서 처음으로 설립되어 현재는 엘제비

미국의 바버라 매클린톡은 유전적 전위에 대한 연구로 1983년 노벨상을 수상했다.

어[Elsevier]가 간행하고 있는 《셀》은 생물학계에서 가장 명망 있는 학술지 중 하나로 높은 임팩트 팩터(논문 인용 지수)를 자랑하고 있다.[35] 이 논문의 저자 이디스 허드[Edith Heard](프랑스 국립과학연구센터[CNRS] 퀴리연구소[Institut Curie])와 로버트 마틴슨[Robert Martienssen](미국 콜드 스프링 하버 연구소Cold Spring Harbor Laboratory)은 리센코가 "춘화의 분자적 메커니즘이 알려지기 전에 밀 등의 곡식에서 저온에 의해 유발되는 현상을 발견한 것"을 긍정적으로 평가했다.[36]

이러한 서술은 틀린 것이다. 우리가 살펴본 바와 같이 춘화에 대한 리센코의 연구는 전혀 독창적인 것이 아니었기 때문이다. 게다가 리센코가 권력을 휘두르는 동안에 이미 저온 필요the cold requirement의 토대가 되는 유전자가 발견되었음에도, 그는 그러한 연구를 인정하지 않았다. 비록 이 문제에 있어서 허드와 마틴슨이 사실 관계를 잘못 파악했지만, 곧이어 다음과 같이 덧붙였다. 리센코는 "잘 알려져 있다시피, 어떤 면에서는 불행하게도, 오랫동안 추위에 노출됨으로써 유도된 조기 개화가 획득 형질로서 유전될 수도 있다고 주장했다. 이는 봄에 심어 빠르게 많이 수확할 수 있는 밀의 품종을 번식시키려는 참담한 시도로 이어졌다". 허드와 마틴슨의 긴 논문에서 리센코는 아주 짧게만 다루어졌을 뿐이며, 이들은 리센코의 연구를 인용하지 않았다. 더욱이 허드와 마틴슨은 특히 동물의 후성유전적 유전에 대해 대체로 회의적인 학자들이었다. 그들은 "포유류의 경우 초세대적 유전이 후성유전적 토대를 갖는다는 증거가 전체적으로 부족한 편"이라고 보았다.[37] 반면 리센코는 인간을 제외한 생물학의 스펙트럼 전체에 대하여 획득 형질의 유전이 일어난다고 믿었으며, 자신이 많은 동물들, 특히 젖소에게서 그것을 발견했다고 주장했다.

무힌은 많은 부분을 무시하고 오직 리센코와 춘화에 대해 허드와 마틴슨이 긍정적으로 서술한 내용에만 집중했다. 자신의 웹사이트에 쓴 "리센코의 공헌에 대한 공식적인 승인An Official Recognition of the Merit of Lysenko"이라는 글에서, 무힌은 "반리센코주의자들이 리센코의 무덤에 쏟아부은 온갖 거짓말"에도 불구하고, 그의 과학적 발견이 인정받기 시작했다고 주장했다. 무힌이 이 글을 쓴 시점은 공교롭게도 러시아군이 크림반도를 점령하고 우크라이나 남부를 위협하던 시기와 겹친다. 무힌은 명백히 이러한 군사행동이 성공하길 바라 마지않으며 우크라이나 오데사Odessa에 리센코의 기념비를 세우자고 제안했다.[38]

무힌이 유전학계 내부의 논의에 큰 영향력을 미치는 것은 아니다. 그러나 그의 글들이 러시아에서 꽤나 명성을 얻고 있다는 사실은 우려스러운 일이 아닐 수 없다.《셀》에 실린 허드와 마틴슨의 논문은 극우적 성향의 주간지《자프트라》*에 실린 "트로핌, 당신이 옳았소!"라는 제목의 기사에도 인용되었다.[39] 이 주간지의 편집인은 알렉산드르 프로하노프Alexander Prokhanov이다. 프라하노프는 1999년 과거 쿠 클럭스 클랜Ku Klux Klan의 단원이었던 미국인 데이비드 듀크David Duke를 러시아로 초대하여 강연을 하도록 한 인물이다. "트로

---

* 앞서 저자는《자프트라》를 공산주의 성향이라고 평가했는데, 여기서는 극우적 성향의 간행물이라고 설명한다. 일견 공산주의(극좌적) 성향과 극우적(러시아 민족주의적) 성향이 상반되는 것처럼 생각될 수 있다. 하지만 본문의 서술을 통해, 오늘날 푸틴 치하의 러시아에서 스탈린주의에 대한 지지 혹은 소련 시절에 대한 향수 등 이른바 '공산주의 성향'은 곧 반(反)서구적 러시아 극우 민족주의와 일맥상통한다는 점을 알 수 있다. 이러한 점에서 우리는《자프트라》가 '공산주의 성향'이면서 동시에 '극우적'일 수 있다는 것을 이해할 수 있을 것이다. — 옮긴이

핌, 당신이 옳았소!"의 작성자는 허드와 마틴슨의 논문을 곡해하여 이 논문이 "리센코의 타당함을 승인"했다고 간주했다.

블라디미르 피젠코프Vladimir Pyzhenkov는 리센코의 주요 적수이자 희생자인 니콜라이 바빌로프를 폄하함으로써 리센코에 대한 평가를 재고하고자 했다.[40] 피젠코프는 리센코의 과학적 견해가 타당한지 묻는 것과 바빌로프 및 여타 리센코의 반대자들의 개인 신변을 둘러싼 문제들을 따지는 것이 논리적으로 완전히 별개의 문제라는 사실을 인식하지 못했다. 그러나 러시아에서는 과학적 주장보다 개인의 성품이나 계급이 부각되는 경향이 있다. 이처럼 논의가 인신공격으로 퇴행하는 것은 참으로 슬픈 일이다. 피젠코프는 유전학자로서 훈련받았으며 학술적인 배경이 있는 인사임을 감안할 때, 그가 이러한 흐름에 동참하고 있다는 점은 더더욱 유감스러운 일이 아닐 수 없다. 2009년 바빌로프에 대해 쓴 자신의 저서에서 피젠코프는 스탈린주의를 옹위하며 성품과 계급 문제를 제외한 다른 모든 고려 사항을 묵살해 버렸다. 그는 바빌로프가 부유한 상인의 아들이기 때문에 태생적으로 '반소비에트적'인 사람이며, 간첩 행위 및 소련 농업에 대한 의도적인 '파괴 행위'에 가담했던 반역자라고 서술했다.[41] 피젠코프는 자신의 주장을 뒷받침하기 위해 바빌로프가 수감된 후 (그리고 아마도 고문당한 후) 비밀경찰에 제출한 '자백'을 근거로 들었다. 서방뿐만 아니라 러시아에서도 그처럼 강요된 자백은 여러 학자에 의해 그 신빙성이 의심받고 있다. 심지어 바빌로프의 옥중 심문을 직접 담당했던 인물인 알렉산드르 흐바트Aleksandr Khvat는 오랜 세

월이 지나 소련이 붕괴된 후 자신조차도 "바빌로프의 스파이 혐의를 믿지 않았다"라고 시인했다.[42]

또 다른 대표적인 리센코 지지자로 지기스문트 미로닌Sigismund Mironin(필명이다. 미로프A. Mirov라는 필명을 사용하기도 한다)이라는 이름으로 글을 쓰는 인사를 꼽을 수 있다. 미로닌은 리센코를 "걸출한 현대 과학자"라고 불렀다.[43] 미로닌은 생물학 박사학위를 취득했고 스스로를 전문 생물학자로 여기며, 2008년에는 영문 저서 수십 권을 비롯하여 총 139권의 방대한 참고문헌을 자랑하는 『유전학자 열전Delo genetikov, The Geneticists Affair』이라는 책을 쓰기도 했다. 여기 그의 결론의 일부를 그대로 옮긴다.

1. 미추린주의자들과 모건주의자들 중 누가 옳았는가? 미추린주의자들과 리센코가 더 정확했다.

2. 리센코는 누구였는가? 그는 소비에트연방의 걸출한 자연과학자였다.

3. 리센코는 정직하지 못한 방법으로 과학계에 발을 들였으며 이후 스탈린까지 속인 출세지상주의자였는가? 사실이 아니다.

4. 리센코가 비열한 술수를 부리는 악인이었다는 말이 사실인가? 그렇지 않다. 그는 악인이 아니었으며, 다른 사람을 고발하지 않았고, 음모를 꾸민 적도 없다.

5. 리센코가 발견한 것들이 생물학과 농업과학에서 그토록 새로운 것이었는가? 그는 두드러지게 독창적인 일련의 발견을 해냈다.

6. 리센코가 권력을 장악하고 소련 생물학계에서 독점적 지위를 차지

하기 위해 1948년 8월 농업과학아카데미 회의를 조직했다는 것이 사실인가? 그렇지 않다. 그는 당시 이미 충분한 힘을 갖고 있었고, 단지 모건주의자들로부터 자신을 변호했을 뿐이다.

7. 모건주의자들과 리센코 중 어느 쪽이 먼저 공격을 시작했는가? 모건주의자들이 먼저 공격했다. 농업과학아카데미 1948년 회의는 모건주의자들의 공격에 대응하기 위한 스탈린의 방어적 반응이었다.

8. 스탈린은 리센코를 지지했는가? 그렇다면 왜? 그렇다. 스탈린은 리센코를 지지했다. 왜냐하면 리센코는 과학계 내의 독점주의 및 파벌주의에 대항하여 싸웠기 때문이다.

9. 이러한 공개적인 회의를 조직함으로써 스탈린이 얻고자 한 바는 무엇인가? 스탈린은 과학을 더 투명하게 만들고 싶어 했고, 과학을 일부 파벌의 독점으로부터 해방시키고자 했다.

10. 리센코의 독주가 소련 생물학 발전에 돌이킬 수 없이 해로운 영향을 미쳤다는 것이 사실인가? 그렇지 않다. 숙청의 영향은 미미했다.

11. 그렇다면 왜 소련 생물학이 뒤쳐지게 되었는가? 소련 생물학, 나아가 소련의 과학 전반이 지지부진했던 기본적인 원인은 일부 조직상의 오류, 부적절한 자금 운용, 지나치게 강력한 젊은 관료들princelings에 있다고 볼 수 있다.[44]

숨이 턱 막히는 이 목록은 친리센코적일뿐만 아니라 스탈린주의적인 관점에서 작성된 것이다. 스탈린이 "과학을 더 투명하게 만들고 싶어 했다"라고 말한 것을 보라. 이 책은 시종일관 스탈린을 두고 소련을 부강하게 만든 사람, 소련 공업의 기틀을 놓은 사람, 나치 독일을 물리친 사람, 세계 어디에도 뒤처지지 않는 '훌륭한' 과학 연구소들을 설립한 사람, 그리고 칭송할 만한 과학 및 교육 정책을 펼친 사람으로 묘사하고 있다. 미로닌에 따르면 스탈린 시대의 숙청과 테러는 서방의 '냉전 전사들'에 의해 말도 안 되게 과장되었다. 미로닌은 리센코(5장에서 살펴본 것처럼 그는 비밀경찰이 자신에게 반대한 생물학자들을 감시하도록 확실히 유도했다)뿐만 아니라 20세기 가장 많은 사람을 살해한 통치자 중 한 명인 스탈린에 대해서도 공공연히 손바닥으로 하늘을 가리려 하고 있다.

러시아에서 리센코를 옹호하는 목소리가 2014년과 2015년에 훨씬 더 고조되었다. 2014년 리센코의 오랜 지지자인 코논코프P. F. Konoнkov가 『두 개의 세계, 두 개의 이념: 소비에트 및 포스트소비에트 시기 러시아 생물학과 농업과학의 상황에 대하여Two Worlds—Two Ideologies: On the Situation in the Biological and Agricultural Sciences in Russia in the Soviet and Post-Soviet periods』라는 책을 출판했다.[45] 이 책에는 리센코 지지자들의 전형적인 주장들 다수가 포함되어 있다. 그러나 하나의 새로운 사실이 러시아 주류 과학계의 경종을 울렸다. 이 책이 바로 정부기관인 연방 언론·대중매체국the Federal Agency on the Press and Mass Communication의 보조금을 받아 출판되었다는 점이다. 러시아 과학사학자 에두아르드 콜친스키는 이 보조금을 '조종을 울리는' 경고 메시지로 해석한 바 있으며, 러시아 생물학자들은 정부의 지원을 등에 입고 전횡을 일삼았던 리센코의 망령을 떠올렸다.[46]

또한 2014년과 2015년에 두 명의 주류 생물학자 레프 지보토프스키Lev Zhivotovskii와 샤탈킨A. I. Shatalkin이 리센코에 대한 책을 냈는데, 그를 서방에서 제대로 인정받지 못한 중요한 과학자로 묘사했다.

지보토프스키는 생물학 박사학위를 가진 잘 알려진 과학자이자, 인구유전학population genetics 전문가이며, 러시아 과학아카데미 일반유전학연구소the Institute of General Genetics 연구원이다. 그는 초기 인류의 이주를 주제로 국제적인 동료평가peer review 학술지에 폭넓게 논문을 발표했으며, 특히 스탠퍼드대학교의 생물학자들과 긴밀히 협업해 온 과학자이다.

2014년에 쓴 짧은 책 『우리가 몰랐던 리센코The Unknown Lysenko』에서 지보토프스키는 리센코의 위상을 '위대한 소련 과학자'로 끌어올렸다. 이러한 주장에는 두 가지 근거가 있었다. 첫째, 초기 리센코가 "식물 생리학 분야의 위대한 발견"을 이루어냈으며 "식물 발달 생물학의 창시자 중 한 명"이라는 점이다.[47] 그리고 둘째, 후성유전학과 같은 생물학의 최신 발전은 리센코의 결론과 유사한 내용들을 제시하고 있으므로 리센코가 선견지명을 가진 과학자였다는 것이다.

비록 전문 과학자로서 지보토프스키가 갖는 지위가 우리의 이목을 끌지만, 그럼에도 엄밀히 살펴보면 그가 제시한 두 가지 근거는 모두 사실이 아니다. 앞에서 살펴보았듯, 저온 처리 및 식물의 단계적 발전에 대한 리센코의 연구는 기존의 선행연구(수 세기를 거슬러 올라가는)를 되풀이하는 수준에 불과했으며 방법론의 측면에서 엄밀함이 결여되어 있었다. 그가 실험에 대해 남긴 기록들 또한 너무 성글며 사용한 샘플의 수도 너무 적어 그의 실험들을 재현해 보기란 사실상 불가능하다. 리센코는 이처럼 견고하지 않은 기반 위에서 결코 입증된 바 없는 거대한 가설들을 내세웠다.

지보토프스키는 1948년 미국에서 출판된 춘화와 광주기성photoperiodism, 光周期性에 관한 책이 리센코의 연구를 언급하고 있다는 사실을 크게 부각시켰다.[48] 이 책을 사례로 그는 리센코가 국제적으로 인정받고 있었다고 주장했다. 그러나 책을 주의 깊게 읽어보면, 책의 요지는 오히려 그 반대임을 알 수 있다. 리센코의 연구는 춘화와 광주기성을 다루는 세계적으로 훨씬 더 큰 프로젝트의 작은 부분에 불과하며, 그나마 리센코의 연구결과는 많은 부분에서 의문에 붙여지고 있다는 것이다. 책의 공저자들 중 한 명은 "리센코가 주장한 바와 같이, 봄 곡물류가 겨울 곡물류보다 춘화 단계에서 더 높은 온도를 필요로 한다는 견해를 뒷받침하는 근거를 찾을 수 없다"라고 기록했다.[49] 또 다른 저자는 "춘화라는 방법 자체가 널리 쓰일 것 같지는 않다"라고 언급했다.[50]

마찬가지로 지보토프스키의 말대로 후성유전학이 리센코의 이론을 정당화했다고 결론짓는 것은 엄청난 과장이다. 왜 리센코가 획득 형질의 유전설을 대표하는 과학자로 부각되어야 하는가? 리센코 외에도 획득 형질의 유전을 지지했던 다른 수많은 생물학자가 존재했으며, 그중에는 리센코에게 매우 비판적이었던 러시아 과학자들도 있었다. 리센코의 관점을 이해하는 진정한 시금석은 그의 견해들이 획득 형질의 유전설에 입각했는가가 아니라, 과연 그것들이 생산적이고 지속 가능한 연구 및 응용으로 이어졌는지 여부이다. 지보토프스키의 글에는 후자에 대한 논의가 누락되어 있는 것이다.

샤탈킨은 자신의 전문 분야에서 널리 알려진 곤충학자이다. 그는 오랫동안 라마르크와 획득 형질의 유전에 대해 관심을 가졌다. 2015년 그는 『20세기의 유전에 관한 상호 연관된 개념들과 그것들을 둘러싼 투쟁Relational Conceptions of Inheritance and the Struggle about Them in the Twentieth Century』이라는 책을 출판했다.[51] 그의 책은 라마르크와 리센코에 대한 논쟁들을 매우 '객관적'이고 차분하게 검토한 후 누가 옳고 그른지 명백히 하겠다는 다짐과 함께 시작된다. 그의 결론은 멘델주의 고전유전학과 유전에 대한 라마르크 및 리센코의 이해 양자 모두 각각의 영역에서 옳았다는 것이다. 고전유전학자들은 그들이 '확증'한 바에 대해서는 '옳았지만' 그들이 '부정'한 바에 대해서는 옳지 않다는 것이 샤탈킨의 생각이다. 고전유전학자들이 라마르크와 리센코가 유전의 과학적 이해에 기여한 귀중한 공로를 부인했다는 것이다.

유전에 대한 서로 다른 이론들을 객관적이고 차분하게 평가하겠다는 샤탈킨의 입장은 책의 후반부로 갈수록 극적으로 후퇴한다. 급기야 그는 서방 유전학에 대해 공격을 퍼붓는다. 이는 푸틴 시대의 새로운 러시아 민족주의를 반영하는 것이다. 그는 서방이 러시아에 대해 전쟁을 시작했으며, 그 과정에서 서방 과학자들은 '유능한 리센코'를 욕보였고 자신들만이 마치 '절대적 진리'를 독점한 것처럼 거들먹거렸다고 주장했다. 샤탈킨이 보기에, 미국인들은 "러시아 과학의 날개를 꺾어버리고" 러시아의 "내재적 발전"의 가능성을 말살하기 위해 리센코를 비방했다.[52]

지보토프스키와 샤탈킨의 저서들은 본인들의 주장과 달리 신중하고 철저하게 근거에 입각하여 리센코를 분석한 책들이 아니다. 그럼에도 오늘날 러시아에서 지보토프스키와 샤탈킨 같은 전문 과학자들까지 리센코 옹호 대열에 속속 합류하고 있다는 사실을 통해, 이러한 현상이 쉽게 사라지지 않을 것임을 알 수 있다. 다수의 주류 러시아 유전학자들은 심각한 우려를 표하고 있다. 일부 연구자들은 특히 후성유전학이라는 새로운 과학 분야를 리센코와 연관시키는 그 모든 시도에 두려움을 느끼고 있다.

9장 │ 신리센코주의의 충격

"불행하게도 지금까지 제가 아는 바로는, 아무도 이 파괴적인 굶주림, 제2차 세계대전 시기 레닌그라드 포위 중의 기근의 초세대적인 (후성유전적) 효과를 조사한 적이 없습니다. 그 결과가 라마르크주의와 리센코주의를 확증할지도 모르기 때문에 감히 아무도 그런 연구를 하려 하지 않는 것이죠."

— V. S. 바라노프Baranov 1

러시아에서 리센코주의를 부활시키려는 다수의 옛 리센코주의자와 스탈린주의자들은 그 근거로 후성유전학이라는 새로운 과학을 들고 있다. 그들은 후성유전학이 리센코가 옳았음을 증명한다고 주장한다(그리고 이러한 주장의 함의는 스탈린 또한 옳았다는 것이다. 그가 리센코를 지지했으므로).

리센코가 믿을 만한 과학자가 아니었다는 걸 알고 있었던 러시아 주류 유전학자들은 초세대적 후성유전학이 리센코주의를 복권시킬 수도 있다는 우려 때문에 이 분야에 대한 연구를 얼마간 기피해 왔다. 그들이 겪었던 과거사 때문에 유전학자들은 후성유전학을 두려워하고 있다. 러시아 출신(현재는 미국에 거주한다) 생물학자 겸 생물학사 연구자인 골루보프스키M. D. Golubovsky는 "신중한 학자 한

분이 명백히 리센코의 견해에 부합하는 무언가를 발견했을 때, 그분은 그러한 결과를 공표하기를 꺼리셨습니다. 학계에서 매장당하는 것이 두려웠던 것이겠지요"라고 썼다.[2] 그러나 후성유전학은 또한 리센코의 관점을 러시아정교와 연결시키는 놀랍도록 새로운 흐름을 형성하는 데에도 일조했다. 그뿐 아니라, 후성유전학은 러시아 대중이 정부의 권위에 대해 보이는 태도에 관한 명백하게 정치적인 논쟁에도 휘말려 들어갔다.

┃ 초세대적 후성유전적 유전에 대한 논의 회피

오늘날 러시아 대학에서 사용되는 최고의 유전학 교과서 중 하나는 2010년 상트페테르부르크에서 출판된 세르게이 잉게-베츠토모프Sergei Inge-Vechtomov의 『유전학과 선택의 토대: 대학생을 위한 교과서Genetics and the Foundations of Selection: A Textbook for University Students』이다. 이 책의 저자는 국제적으로 존경받는 유명한 유전학자이다.[3] 1939년에 태어난 저자 잉게-베츠토모프는 포위 상태에 있었던 레닌그라드에서 제2차 세계대전 시기 전체를 보냈다. 그의 아버지는 도시를 지키다 결국 전사했다. 이후 잉게-베츠토모프는 리센코의 전성기가 끝나갈 무렵인 1961년에 레닌그라드국립대학Leningrad State University을 졸업했으며, 학생이자 젊은 과학도로서 리센코에 대항하는 투쟁에 참여했다. 이제는 상트페테르부르크국립대학St. Petersburg State University으로 이름이 바뀐 모교에 위치한 그의 연구실에는 리센코에게 반대하다가 투옥되거나 처형된 러시아 유전학자들의 초상화가 걸려 있다. 잉게-베츠토모프는 유전학계 내의 투쟁과 리센코로부터의 해방이 갖는 중요성을 또렷하게 기억하고 있다. 그의 학문적 뿌리는 리센코라는 압제자로부터 유전학이라는 자신들의 전문 분야를 구해내려 했던 진정한 선배 과학자들의 노력에 있다고 해도 과언이 아니다.

1965년 리센코가 권좌에서 축출된 후, 잉게-베츠토모프는 본격적으로 세계 유전학계와 소통하길 원했다. 이에 그는 미국으로 건너가 예일대학교와 캘리포니아대학교 버클리 캠퍼스에서 2년 동안 수학했다. 그는 러시아 유전학을 재건하겠다는 굳은 결심과 함께 고국으로 돌아왔다. 그 후 그는 다년간 상트페테르부르크국립대학교 유전학과의 수장으로 일하며 250여 편의 논문과 책을 펴냈다.

잉게-베츠토모프의 교과서는 후성유전학을 포함한 여러 최신 연구성과를 소개하고 있다. 이 책은 DNA의 메틸화와 히스톤histones(DNA 가닥을 조직하며 구조적 지지대 역할을 수행하는 단백질)의 변형 등이 유전자 발현에 어떻게 영향을 미칠 수 있는지를 기술한다. 그럼에도 주의 깊은 독자들은 관련 논의들이 한 세대 내 효과에만 집중하고 있으며, 형질의 초세대적 전달에 대해서는 상세히 다루지 않고 있음을 알아챌 수 있을 것이다. 이 책이 그러한 전달을 부정하는 것은 아니지만 상세한 관련 논의를 생략하고 있다. 나는 이러한 생략의 원인이 '획득 형질의 유전'이라고 불릴 수 있는 현상 일체에 대한 저자 잉게-베츠토모프의 혐오 내지는 두려움 때문일 것이라고 생각한다. 그가 어떤 과거사를 겪어왔는지 알고 있는 나로서는 충분히 이해할 수 있는 부분이다.

| 기근 연구

현대사에서 주요 도시 혹은 지역이 장기간 기근에 시달리는 경우는 매우 드물지만, 그러한 사례가 아주 없는 것은 아니다. 가장 잘 연구된 사례 중 하나로 나치 독일 점령하에서 발생했던 1944년의 네덜란드 기근을 들 수 있다.[4] 7장에서 상세히 논의했듯이, 네덜란드 기근에 대한 연구는 기근이 초래한 후성유전적 변화가 후손 세대들에 전달되었다는 놀라운 사실을 보여주었다.

식량 수급이 미래 세대에 미치는 효과에 관한 또 하나의 사례가 스웨덴 북부에서 발견되었다. 이 문제에 대해 치밀하게 분석한 스웨덴의 연구를 외버칼릭스학the Överkalix Study이라 부른다. 외버칼릭스는 19세기 초에 주기적으로 최악의 식량 부족을 경험했던 몇몇 작은 마을로 이루어진 스웨덴 북부의 한 지역을 일컫는다. 흥미롭게도 이 지역은 주기적인 식량 부족 외에도 물고기, 곡식, 베리류 과일, 조류 등의 먹거리가 풍부하게 생산된 몇 년간의 풍족기를 겪기도 했다. 그 결과 고립된 외버칼릭스 지역에 살았던 사람들은 몇 해의 굶주림과 몇 해의 풍요를 번갈아 경험했다. 두 가지 상반된 경험의 효과는 손자손녀 세대에서 나타났다. 이 손자손녀 세대의 부모들 대다수는 외버칼릭스를 떠나 대도시로 이주했으며 그곳에서 언제나 넉넉하게 영양분을 섭취할 수 있었다. 그러나 손자손녀들은 건강상의 문제를 겪었다. 그들 자신들은 물론이고 많은 경우 그들의 부모 세대조차 결코 그 조부모 세대처럼 기근과 풍년을 번갈아 경험한 적이 없었음에도 말이다.

외버칼릭스학에 의하면 사춘기 직전 풍족한 시절을 겪은 대식가 남성들의 손자들은 일찍 사망하는 경향이 있다. 반면 임신 당시 배고픔에 시달린 여성들의 손녀들도 일찍 사망하는 일이 많았다.

이는 매우 놀라운 결과였다. 관련 연구를 수행한 스웨덴 과학자들은 당사자들의 상세한 건강 정보를 연구에 이용했음에도 이처럼 믿기 어려운 결과를 차마 발표할 수 없었다. 이 연구팀의 리더는 스톡홀름의 명문 의과대학인 카롤린스카 연구소^{the Karolinska Institute}의 라스 비그렌^{Lars Bygren}이었다. 비그렌 본인도 외버칼릭스 마을 주민의 후손이다. 그는 다음과 같이 보고했다. "연구에는 많은 세월이 소요되었고, 우리는 수많은 저널에 논문을 제출했다. 논문을 검토한 끝에 게재 불가 판단을 내린 심사자들은 통계 자료를 문제 삼지는 않았다. 다만 그들은 '이건 있을 수 없는 일이다'라고 말했다."[5] 보고된 결과가 사실이라면, '라마르크주의적 유전'을 믿지 않을 도리가 없기 때문이었으리라.

지난 15년 동안 후성유전학이 부상하자 비로소 비그렌의 연구도 출판될 수 있는 길이 열렸다.[6] 과학자들이 기근 등의 경험이 야기하는 '후성유전적 표지'가 어떻게 여러 세대에 걸쳐 사라지지 않고 유전자와 더불어 유전될 수 있는지 논의하기 시작하자, 돌연 비그렌의 연구 결과도 '있을 수 있는' 것으로 생각된 것이다.

근래의 역사 가운데 후성유전학에 대해 무언가 밝혀줄지도 모르는 대기근이 있다면 그것은 아마도 1941~1945년 레닌그라드의 사례일 것이다. 레닌그라드 기근은 스웨덴 외버칼릭스 사례와 1944~1945년 네덜란드 기근 사례 못지않게 심각하면서도 그 강도와 기간 면에서는 두 사례를 훨씬 상회한다. 외베르칼릭스에는 고작 수천 명이 살았으며, 기근으로 사망한 사람은 수백 명에 불과했다. 1944~1945년 네덜란드 기근의 경우 약 2만 2000명이 사망했다고 추정된다. 충격적이게도 1941~1945년 레닌그라드 기근의 사망자는 대략 100만 명에 육박한다(정확한 사망자 수는 최소 67만 명과 최대 120만 명 사이에서 논쟁 중이다). 당시 레닌그라드에서 사람들은 도시 안의 모든 새, 쥐, 그리고 반려동물을 잡아먹었다. 심지어 식인까지 발생했던 것으로 보이는데, 공동묘지에는 신체의 일부가 훼손된 시신들이 즐비했다고 한다.

레닌그라드 기근은 사람들의 건강에 어떠한 장기적 효과를 남겼을까? 러시아 생물학자들이 기근에서 생존한 당사자들의 건강에 대한 연구를 수행한 바 있다. 그러나 이 기근의 초세대적 효과에 관한 연구에 대해서는 아직까지 들어보지 못했다. 다른 나라의 기근 사례들이 후성유전학 연구에 기여하는 중요성을 감안한다면, 이는 꽤나 놀라운 일이다. 바라노프 V. S. Baranov는 레닌그라드 기근이 건강에 미친 영향에 관한 전문가이며, 어린 시절 그 기근을 직접 경험한 장본인이기도 하다. 2014년 1월 10일 바라노프가 나에게 다음과 같이 말했다. "불행하게도 지금까지 제가 아는 바로는, 아무도 이

제2차 세계대전 시기 포위된 레닌그라드의 여성들이 말의 시체에서 먹을 수 있는 부위를 수습하고 있다.

파괴적인 굶주림의 초세대적인 (후성유전적) 효과를 조사한 적이 없습니다. 그 결과가 라마르크주의와 리센코주의를 확증할지도 모르기 때문에 감히 아무도 그런 연구를 하려 하지 않는 것이죠." 바라노프 본인은 레닌그라드 포위의 생존자들을 대상으로 노화aging와 장수longevity에 관한 유전학적 연구를 진행하여 여러 편의 논문을 썼지만, 초세대적 효과를 분석하는 데에까지는 나아가지 않았다. 한편 러시아의 의생물학자medical biologist 리디아 호로쉬니나Lidiia Khoroshinina는 봉쇄 기간에 유년기를 보낸 사람들이 노년에 겪게 된 비극적인 효과에 대한 훌륭한 연구 성과를 냈지만, 마찬가지로 초세대적 효과에 대해서는 침묵했다.[7] 요컨대 러시아의 주류 유전학자들은 획득 형질의 유전 개념을 부활시킬 일말의 가능성이 있는 주제에 대해 연구하기를 기피하고 꺼린다. 그렇지 않고서는 이와 같은 연구의 공백들을 설명할 길이 없다. 기근이 생존자들에게 상처를 남기는 것처럼, 과학에 대한 폭압도 생존자들에게 상처를 남기는 법이다.

| 후성유전학과 동물 육종

리센코와 획득 형질의 유전설을 둘러싼 최근의 우려를 반영하는 또 다른 사례로 1장에서 설명한 노보시비르스크 여우 가축화 실험에 관한 연구들을 들 수 있다. 2007년 몇몇 서방 학자들이 후성유전학으로 여우 길들이기를 설명할 수도 있을 것이라는 관점을 제시했을 때, 회의에 참석했던 러시아 생물학자들은 그러한 접근이 리센코가 부분적으로 옳았다는 인상을 줄 수 있다는 점에서 '위험'한 것이라고 받아쳤다.[8] 한편 노보시비르스크의 생물학자들 중에는 후성유전학에 대한 두려움이 비교적 적은 사람들도 있었다. 이들은 여우 실험의 창안자인 벨랴예프가 '휴면 유전자dormant genes' 및 유전적 발달에 '스트레스'가 미치는 영향 등을 언급했다는 점을 지적했으며, 이러한 부분들이 후성유전학의 설명과 일맥상통한다는 것이었다.[9] 학회가 마무리되고 외국인 후성유전학자인 에바 야블론카 및 마리온 램과 함께한 연회에서, 한 러시아 학자는 과감하게 라마르크를 위해 축배를 들자고 제안하기도 했다.[10] 참석한 다른 러시아 유전학자들은 이를 불편하게 생각했다. 아마도 리센코를 위한 축배가 이어지지는 않을까 하는 두려움이 일었을 것이다. 이처럼 여우 실험에 대한 상이한 해석들은 리센코주의와 관련된 러시아인들의 트라우마를 반영하고 있다.

| 리센코주의와 종교

오늘날 러시아를 휩쓸고 있는 생물학 관련 논쟁들을 보다 직접적으로 보여주는 생물학 교과서가 있다. 베르트야노프S. Iu. Vert'yanov가 2012년에 발표한 『일반 생물학』이 그것인데, 잉게-베츠토모프의 교과서와는 그 성격이 전혀 다르다고 할 수 있다. 이 교재는 러시아 고등학교 10학년과 11학년을 대상으로 집필되었으며, 러시아의 수도원 중의 으뜸이자 러시아정교회의 영적 중심지라고 할 수 있는 삼위일체와 성 세르기우스 수도원the Trinity Lavra of St. Sergius에서 출판되었다. 왜 정교회가 생물학에 관심을 갖게 되었을까? 최근 몇 년 동안 정교회는 유기적·무기적 세계에 대한 창조론적 관점을 그 어느 때보다 강하게 고취시켜 왔다. 베르트야노프의 교과서는 창조론을 고등학교 정규 교육 과정에 삽입하기 위한 정교회의 노력의 일환이며, 따라서 이 책은 최우선적으로 창조론을 강조해 마지않는다. 모스크바 국립대학교 명예교수 알투호프Iu. P. Altukhov는 책의 서문에서 이 책이 "유물론적 관점의 제약을 벗어난 최초의 생물학 교과서"라며 높이 평가했고, "우리는 지난 세기의 삶의 방식과는 대조적으로 신에게로 돌아가고 있다"라고 말했다. 이 교과서는 더 나아가 세계는 신에 의해 창조되었으며, 다윈의 견해가 "과학의 발전뿐만 아니라 인류 전체에 크나큰 피해"를 끼쳤다고 주장한다.[11] 책 전체에 걸쳐 1차 자료로서 인용된 문헌은 다름 아닌 성경이다.

비록 이 교과서는 대단히 종교적이지만, 그렇다고 과학에 무지한 것은 아니었다. 두루두루 교육받은 미국의 창조론자들과 유사하게, 이 교과서의 저자는 현대 생물학에서 입증된 사실들을 가르치면서 동시에 그 위에 신학적 프레임을 덧씌우고자 했다. 이 책의 중심 주제들은 창조론, 민족주의, 종교, 반다윈주의, 건강(술, 담배, 마약을 강하게 비판한다), 생태 등이다. 생태라는 후반부의 주제와 관련하여 교과서는 세계 자체와 그 안의 모든 생명체는 하느님의 피조물이기 때문에 인간이 다른 생명체들을 파괴하는 것은 부도덕한 죄악이라고 가르친다. 저자는 이러한 파괴의 원인을 주로 '소비사회'의 탓으로 돌린다. 또한 교과서는 러시아의 종교적·정치적 전통을 칭송하는데, 독자들은 이를 통해 러시아에서 여전히 개인주의보다 집단주의가 우월하다는 믿음이 강하게 지속되고 있음을 파악할 수 있을 것이다. 교과서는 다윈의 견해가 이러한 러시아의 전통과는 정반대인 19세기 영국 사회의 무정한 개인주의적 경쟁이라는 요소로부터 부분적으로 파생된 것이라고 설명한다.

비록 베르트야노프가 직접적으로 후성유전학을 다루지는 않았지만, 그는 "유전자 간의 그리고 유전자와 환경 조건과의 상호작용이 특정한 유전자를 더 활성화시킬 수 있다"라는 최근의 연구를 언급했다. 그는 '미추린주의 생물학'을 높이 평가했는데, 리센코가 자신의 유전 이론을 지칭하기 위해 바로 이 용어를 사용한 바 있다. 베르트야노프는 다윈에게 대단히 비판적이었기 때문에 암묵적으로라도 다윈주의와 상충되는 것처럼 보이는 이론이 있다면 그것이 무엇이든 흥미를 보였다. 그는 유전자 발현을 강조하는 새로운 흐름과 미추린의 오래된 견해들이 다윈주의를 약화시킨다고 보았다(대다수의 후성유전학자들이 여전히 스스로를 다윈주의자라고 생각한다는 점, 그리고 미추린과 리센코 또한 다윈을 상찬했다는 점은 임의로 생략해 버렸다). 베르트야노프는 창조론과 리센코주의 사이의 동맹을 노골적으로 주장하는 데에까지 나아가진 않았지만, 이를 대단히 강하게 암시했다.

리센코를 지지하는 또 다른 논자들은 여기서 한발 더 나아가 미추린주의 생물학과 러시아정교회 사이의 유대관계를 공개적으로 확립하고자 했다. 옵치니코프N. V. Ovchinnikov는 리센코에 대한 일반적인 해석을 완전히 뒤집었다.[12] 옵치니코프는 리센코를 마르크스주의자가 아니라 러시아의 깊은 종교적 전통으로부터 영감을 받은 과학자로 묘사했다. 옵치니코프는 이러한 러시아의 종교적 전통을 토머스 헌트 모건, 홀데인J. B. S. Haldane, 멀러 등 서방 현대유전학의 창시자들의 태도와 대조시켰다. 그는 모건, 홀데인, 멀러 등을 일컬어 유전학을 맹목적이고 비정하며 우연한 자연의 일부라고 믿게 만든 '무신론자들'이라고 묘사했다. 더욱이 옵치니코프는 위에서 언급된 유전학의 개척자들 가운데에서도 특히 멀러와 홀데인과 같은 부류를 더욱 심하게 비난했다. 그들은 무신론자일 뿐만 아니라 동시에 특히 더 불경한 마르크스주의자라는 것이 그 이유였다. 옵치니코프에 따르면, 리센코는 이들과 달리 신성한 자연의 질서와 그 안에서 인간이 차지하는 고귀하고 높은 지위를 믿어 의심치 않았다. 옵치니코프는 영국 생물학의 거장 와딩턴C. H. Waddington이 리센코와 대화를 나눈후, "그의 철학이 강한 정교회의 신학적 성향을 띠고 있다"라고 결론내렸다는 일화를 의기양양하게 소개했다.[13]

옵치니코프의 해석은 푸틴 시대 러시아에서 민족주의 이데올로기와 러시아정교회 이데올로기가 어떻게 군림하고 있는지를 보여주는 충격적인 사례이다. 이에 따르면 리센코와 같은 과거 역사속의 주요 인물은 민족의 영웅이면서 동시에 정교회의 종교적 사상에 헌신적인 인물로 그려져야만 한다. 멀러나 홀데인이 외국인임에도 러시아 민족이 주도했던 소련의 혁명 이데올로기에 찬동하여 무신론과 마르크스주의에 공감했다는 사실, 그리고 리센코가 러시아인이 아닌 우크라이나인이었다는 사실은 기실 어디까지나 부차적인 문제일 뿐이었다. 오직 옵치니코프에게 중요한 것은 유전학의 기반을 약화시킴으로써 러시아정교회의 위상을 제고하는 것이었다.

리센코와 정교회 신학 및 러시아의 전통 간의 연관 관계를 강조해 온 또 다른 작가로 코논코프(8장에서 언급)를 들 수 있다. 코논코프는 리센코의 친구로 줄곧 그를 변호해 왔다.[14] 코논코프에 따르면, 리센코는 단지 마르크스주의와 유물론적 언어로 자신의 견해를 '위장'했을 뿐이다. 그것이 그 시대의 요구 사항이었기 때문이다. 코논코프는 리센코가 깊은 신앙심을 가지고 있었으며, 그의 생물학적 견해는 그의 종교적 뿌리를 반영하는 것이라고 주장한다. 코논코프는 리센코가 맞서 싸웠던 바이스만주의자들과 모건주의자들 대부분이 비열한 무신론자이고 또 마르크스주의자였다는 옵치니코프의 의견에 동의했다. 이들은 리센코가 신의 섭리에 의해 창조된 자연의 질서를 수호하는 사람이라고 굳게 믿었다. 그렇기 때문에 리센코가 인공수정과 유전자 조작에 반대했다는 것이다. 또한 리센코가 심지어 '사랑 중심의 재생산'을 주장했던 것도 바로 그러한 이유 때문이었다고 주장했다. 코논코프는 계속해서 세계주의globalism, 유전자변형 농산물GMO, 다국적 기업, 그리고 미국 주도하의 탐욕적인 자본주의의 영향력을 전방위적으로 비판했다. 코논코프는 이러한 요소들이 여러 지역의 고유한 차이들을 말살한다며 경계의 목소리를 높였다. 코논코프가 품고 있는 이데올로기의 깊은 곳에는 모더니즘에 의해 변질되지 않은 세계에 대한 낭만주의적인 열망이 자리 잡고 있다. 식물학 전문가인 그는 또한 약초학자이기도 했는데, 특정한 약초들(특히 아마란스amaranth)이 다양한 질병을 치료할 수 있다고 홍보하기도 했다.

| 후성유전학과 동성애

오늘날 러시아에서 후성유전학이 종교와 과학 간의 분쟁에 휘말리게 된 것과 유사하게, 이 새로운 과학은 동성애 문제와도 관련을 맺게 되었다. 대부분의 서방 국가들과 비교해 볼 때, 러시아는 여전히 동성애에 대해 관용적이지 못하다. 러시아 정부는 '비전통적인 성적 관행'을 금지하는 법안을 제정했고, 게이와 레즈비언들의 집회와 시위를 금지하고 있다. 후성유전학은 최근 이러한 이슈들과 엮이게 되었다.

2012년 12월 미국인 연구자 두 명, 스웨덴 연구자 한 명으로 구성된 연구진이 《계간 생물학평론The Quarterly Review of Biology》에 「후성유전적으로 유도된 성적 발달의 결과로서 동성애Homosexuality as a Consequence of Epigenetically Canalized Sexual Development」라는 전문적인 논문을 발표했다. 저자들은 "동성애가 초세대적 후성유전적 유전의 산물"이라는 가설을 제시한다. 그들이 보기에, "동성애는 평균보다 강한 하나 혹은 그 이상의 후성유전적 표지들이 여러 세대를 거쳐 이성의 후손에게 전달될 때 발생한다".[15]

이 논문은 여러 국가에서 상당한 파문을 일으켰다. 미국에서는 CNN, 《타임Time》, 《사이언스》, 폭스 뉴스Fox News, 그리고 그 외 많은 언론에서 이 논문을 보도했다. 논문은 또한 러시아의 주요 매체를 통해 소개되었다. 러시아 언론은 이 논문의 공저자 중 한 명이 모스크바대학교에서 교육을 받은 러시아계 미국인인 세르게이 가브리레츠Sergey Gavrilets라는 사실에 특히 흥분했다.

미국의 언론과 러시아의 언론은 이 논문을 두고 충격적일 정도로 다른 해석을 제시한다. 미국에서는 주로 "동성애가 유전될 수 있다"(CNN) 또는 "연구에 의하면 동성애는 후성유전적이다"(《사이언스》) 등의 헤드라인이 나타났다. 러시아 언론이 내세운 대표적인 헤드라인은 다음과 같은데, 유독 '실수'라는 단어를 강조했음을 알 수 있다. "세포기억Cell Memory상의 실수가 동성애의 원인일 수 있다"(《리아노보스티RIA Novosti》). "게이와 레즈비언은 실수에 의해 창조된다"(《콤소몰스카야 프라우다Komsomolskaia pravda》).16 다시 말해 러시아 언론들은 '비전통적인nontraditional' 성적 취향이 유전학적 영향을 받은 것이라고 하더라도, 그것은 오직 유전적 '실수'를 통해 이루어지는 것이므로 정상적인 것이 아니라는 인상을 주려 하는 것이다.

해당 논문의 원문을 살펴보면, 러시아 측의 해석이 오해를 불러일으킨다는 점을 알 수 있다.《계간 생물학평론》논문에서 공저자들은 단 한 번도 '실수'라는 단어를 사용하지 않았다. 그들은 단지 성적 기호sexual preference의 형성에 기여하는 후성유전적 변화가 "우연히 그리고 평균 이하의 확률로" 발생할 수 있다고 설명했을 뿐이다.17 공저자들이 보기에 이는 하나의 정상적인 과정이다.

┃ 후성유전학과 정치

후성유전학을 둘러싼 논란 가운데 오늘날 러시아에서 격화되고 있는 또 다른 쟁점은 바로 정치적 행동, 더 구체적으로 스탈린주의의 유산과 관련된 것이다. 최근 리센코주의의 부활에 격분한 러시아의 일부 과학자들은 자신들의 입장을 관철시키기 위해 최신 연구에 근거하여 후성유전학이라는 무기를 스탈린주의자와 리센코주의자들의 손으로부터 빼앗아 와야 한다는 결론에 도달했다. 이들은 리센코 지지자들을 향해 말한다. "경우에 따라 획득된 형질이 유전될 수 있다고 칩시다. 그리고 후성유전학이 최근의 역사를 이해하는 데에 매우 중요하다는 점에도 동의하겠습니다. 그래서 이러한 사실들이 당신네들 스탈린주의자들에게 도대체 무엇을 의미합니까?" 이들 과학자들은 스탈린주의자들을 당황시키거나 망신 주기 위한 대답을 준비할 터이다.

러시아 의학과학아카데미 임상면역학연구소 소장 블라디미르 코즐로프Vladimir Kozlov는 이와 같은 부류의 과학자들 중 한 명이다. 코즐로프는 에모리대학교Emory University의 브라이언 디아스Brian Dias와 케리 레슬러Kerry Ressler의 연구를 인용하면서 쥐들이 특정한 냄새에 대한 공포를 후성유전적으로 대물림한다고 주장했다. 부모 세대에서 해당 냄새들이 전기 충격 등 부정적인 경험과 결부될 때 특히 그러하다는 것이다.[18] 코즐로프는 이 사례와 더불어, 스탈린 시대의 정치적 억압이 여전히 후성유전적으로 러시아 사람들을 괴롭히고 있다고 믿는다.[19] 1930년대, 1940년대, 1950년대 초 수백만의 러시아 시민들이 수감되었고, 수천 명이 처형되었으며, 인구 전체가 공포에 시달렸다. 코즐로프에 따르면, 후성유전학은 유기체들이 그와 같은 광범위한 공포의 악과로부터 벗어나기까지 3~5세대가 걸린다는 것을 보여주며, 따라서 현재의 러시아 사람들은 여전히 스탈린주의적 압제로부터 고통받고 있는 중이다. 그의 견해에 의하면, "자기 자신과 가족이 잘못될까 하는 두려움"이야 말로 러시아인들이 보이는 정치적 수동성의 원인이자 권위주의적 통치자들의 전횡을 묵인하는 태도의 원인이다. 또 다른 러시아인 저자는 후성유전학이 러시아 사람

들의 '자살적인 순종성suicidal submissiveness'을 설명해 준다고 썼다.[20]

오늘날 러시아에서 고조되고 있는 이러한 논쟁들, 다시 말해 동물 가축화에 대한 라마르크주의적 설명, 생물학의 특정한 연구 방법의 정당성, 종교와 과학의 관계, 정치적 압제의 유전적 효과, 동성애 등을 둘러싼 논쟁들은 후성유전학이 상충하는 이데올로기적 파벌 투쟁에 동원되고 있음을 보여준다. 현재로서는 후성유전학과 정치적 공포 사이의 상관관계나 후성유전학과 동성애 간의 직접적인 연관성에 대해 완전히 검증하기란 어려운 상황이다. 심지어 적어도 현 단계의 과학적 지식으로는 동물 가축화에 작용하는 후성유전학의 역할을 입증하는 것 또한 우리의 능력을 벗어난 일이다. 주로 추측성 논의들이 활발하게 제시되고 있다. 이러한 논쟁들은 과학 자체보다는 러시아 정치에 대해 더 많은 것을 말해주고 있다.

유전학과 관련하여 독특하면서도 고통스러운 역사를 갖고 있는 러시아는 후성유전학에 대해 다른 어느 나라보다 정치적으로나 과학적으로나 더 큰 관심을 기울이고 있다. 여기에 더하여 획득 형질의 유전 개념이 지난 세기 대부분의 시간 동안 부정되어 오다가 최근 들어 꽤나 극적으로 학계의 승인을 받게 되었다는 점이 사태를 더욱 복잡하게 만들고 있다. 그러나 이어지는 10장에서 밝혀질 것처럼, 과학자들은 후성유전학을 트로핌 리센코의 과학으로부터 분리시키는 데 성공했다.

10장 | 반리센코주의적 획득 형질의 유전설

"멘델주의자들의 절대 다수는 획득 형질의 유전설을 시대에 뒤떨어진 라마르크주의로 치부하며 그러한 유전이 가능할 수도 있다는 사실을 전적으로 부정했다. 내 생각에 이러한 접근은 실수였다. (…) 리센코와 그의 지지자들은 염색체 이론과 멘델주의가 사실이 아닌 데다가 생산적이지도 않으므로 결코 채택되어서는 안 된다고 주장했다. 간단히 말해 이러한 입장도 사실이 아니다."

- 류비셰프[A. A. Liubishchev] [1]

그렇다면 획득 형질의 유전 개념을 리센코의 연구와 분리하여 받아들일 수는 없을까? 역설적이게도 서방이 아닌 러시아의 과학자들이 한발 앞서 그 해법을 성공적으로 찾아냈다.

1장에서 나는 30여 년 전에 방문한 드미트리 벨랴예프의 여우 농장에 대해 이야기했다. 당시 나는 벨랴예프에게 그의 여우 농장에 있는 실험 보조원들 중 일부가 리센코주의자인 것을 알고 있었냐고 물었다. 그때 나는 그 보조원들이 획득 형질의 유전을 믿었기 때문에 그들이 곧 리센코주의자라고 생각했다. 벨랴예프는 웃으며 보조원들이 자신과는 상반되는 생각을 갖고 있다는 점을 이미 알고 있다고 대답했다. 그러나 벨랴예프는 자신의 보조원들이 리센코주의자가 아니라 단순히 획득 형질의 유전설을 지지하는 사람들일 뿐이라고 말했다. 후성유전학의 발전에 비추어 볼 때 과연 리센코의 공헌은 마땅히 새롭게 인정받아야 하는가? 이 커다란 질문에 대답하기 위해서 우리는 벨랴예프의 저 대답으로 돌아갈 필요가 있다. 그는 획득 형질의 유전이라는 원리와 리센코주의가 서로 같은 것이 아니라는 점을 간파하고 있었다. 더욱이 그는 이 둘을 구별하는 것이 매우 중요하다는 것 또한 알고 있었던 것이다.

최근 여러 러시아 유전학 전문가들과의 대화를 통해, 나는 그들 중 다수도 이러한 차이를 강조하고 있음을 알게 되었다. 사실 그들은 서방, 특히 미국의 유전학 전문가들보다 훨씬 더 많이 이 문제에 대해 논의한다. 이러한 현상의 근본적인 원인은 러시아에서는 리센코 외에도 많은 생물학자가 획득 형질의 유전설을 지지했으며, 미국에서와 달리 이 이론이 결코 소멸되지 않았다는 데에 있다. 게다가 리센코에게 박해를 받았으며 그를 가장 앞장서서 비판하는 사람들 가운데에서도 획득 형질의 유전설을 지지하는 학자들이 있다는 점에 주목할 필요가 있다. 해외의 학자들과 달리, 러시아의 논자들은 결코 획득 형질의 유전을 획일적으로 리센코와 연결시키지 않는다. 서방 학계에서 이러한 통찰은 사실상 완전히 간과되어 왔다. 그러나 후성유전학이 등장한 이후 획득 형질의 유전설과 리센코주의를 구분하는 것은 후자의 의미를 이해하는 데에 있어서 대단히 중요한 문제가 되었다고 할 수 있겠다.

러시아 연구자 블라허L. I. Blacher가 1971년에 쓴 훌륭한 연구서 『획득 형질의 유전의 문제The Problem of the Inheritance of Acquired Characters』에

서는 리센코가 거의 다루어지지 않는다. 오히려 획득 형질의 유전 개념에 매력을 느낀 사람들 중에는 리센코보다 훨씬 더 과학적으로 실력을 갖춘 러시아 생물학자들이 다수 있었다는 사실을 보여준다. 레빗, 스미르노프, 레오노프[N. D. Leonov], 쿠진, 그리고 류비셰프 등이 여기에 포함된다. 「1920년대 소련에서의 획득 형질의 유전을 둘러싼 논의들」이라는 장에서, 블라허는 리센코가 1923년부터 활발하게 활동했음에도 그를 단 한 번도 언급하지 않았다.[2]

저명한 곤충학자 류비셰프(1890~1972)는 획득 형질의 유전설을 지지했지만 리센코에게 가장 용감하게 맞섰던 인물 가운데 한 명이다. 그는 1953년부터 1964년까지 1000편이 넘는 글을 써서 리센코에게 맹공을 퍼부었다. 그 당시 그의 글은 단 한 편도 출판되지 않았다. 아니, 출판될 수 없었다. 그러나 류비셰프의 글들은 사미즈다트[samizdat](지하독립출판) 문서의 형태로 널리 유통되었다.[3] 류비셰프는 또한 소련 정부의 수뇌 니키타 흐루쇼프 및 여타 소련의 정치 지도자들에게 유전학계 내에서 리센코의 전횡을 막아야 한다는 편지를 써 보냈다.[4] 류비셰프의 친구 중 한 명이 지적했듯이, 그의 글들은 "영향력 있는 소수의 독자들 사이에서 널리 알려져" 있었다.[5]

비록 많은 서방의 관찰자는 리센코를 둘러싼 논란의 중심에 획득 형질의 유전설이 있다고 생각했지만, 류비셰프에게 획득 형질의 유전이란 전혀 문제가 되지 않았다. 그는 오히려 이 이론을 받아들였다.[6] 심지어 그는 리센코에게 완파당한 소련의 고전유전학자들이 획득 형질의 유전을 부정하고 염색체와 DNA만을 유전의 유일한 매개체로 지나치게 강조했던 것이 패착이었다고 말한다.[7] 류비셰프는 유전이 훨씬 더 복잡한 것이라 확신해 마지않았다.

만약 류비셰프가 획득 형질의 유전을 두고 리센코와 의견이 일치했다면, 그는 왜 목숨 걸고 리센코와의 전면전을 벌였던 것일까? 류비셰프가 보기에, 리센코식 과학의 본질적인 '패악evil'은(류비셰프 본인의 단어 선택이다) "불관용intolerance, 독단주의dogmatism, 그리고 무지ignorance"에 있다고 믿었다. 리센코는 "조작꾼falsifier이자 사기꾼deceiver"이다.[8] 그는 라이벌을 용납하지 않았고, 자신을 비판하는 사람들을 제거하기 위해 정부 요원들과 결탁했으며, 생물학 교과서와 대학 교과 과정이 모두 자신의 입맛대로 저술되어야 한다고 강요했고, 또 정작 자신의 연구에 있어서는 통계적 방법론과 재현 가능성reproducibility에 입각한 기초적인 표준조차 따르지 않았다. 그는 국가권력을 등에 업고 자신의 목표를 이루었다. 류비셰프가 말하길, 리센코는 중세 시대 상아탑에 갇힌 최악의 학문을 연상시키는 '닫힌 과학a closed science'을 실천했고, 마치 스페인 종교재판을 집행하듯 그의 반대자들을 숙청했다.[9] 류비셰프는 리센코가 러시아 과학의 거대한 퇴보를 야기했다고 보았다. 그는 자신의 모든 언어적 재능을 총동원하여 당시의 소련 지도자들을 설득해 소련 생물학계 내의 다양한 목소리가 보장될 수 있도록 최선을 다했다. 또한 류비셰프는 동료 유전학자들에게 리센코의 특정한 결론이 아니라 그의 부주의하고 엉성한 연구 방법론에 비판의 초점을 맞춰달라고 호소했다. 류비셰프는 다름 아닌 리센코의 부정직함과 표준을 밑도는 방법론 때문

194

에 그의 결론을 신뢰할 수 없다고 주장했던 것이다.

류비셰프의 가장 흥미로운 논문 중 하나는 리센코의 몰락 이후인 1965년에 집필되었다.[10] 러시아 전역의 유전학자들이 유전학계의 악독한 독재자에 대항하여 거둔 승리를 자축하고 있을 때, 류비셰프는 한층 더 냉정한 입장을 취했다. 물론 그도 리센코의 몰락에 기뻐했다. 그러나 그는 고전유전학을 '맹신'하면서 획득 형질의 유전과 관련된 모든 논의를 배제하는 위험성에 대해 경고했다. 그는 현재 리센코를 꺾고 승리한 일부 고전유전학자들이 그와 마찬가지로 '불관용과 오만함'을 답습하고 있다고 비판했다. 예상되는 반박에 대비하기 위해 류비셰프는 자신이 선호하는 '관용'이라는 것이 곧 고전유전학 옆에 리센코주의를 위한 자리를 여전히 남겨두어야 한다는 뜻인지 자문했다. 그의 대답은 그렇지 않다는 것이었다. 무엇보다 리센코는 연구 방법론의 표준(통계, 재현 가능성, 투명성, 유리한 결과와 불리한 결과를 모두 보고하는 것 등)을 충족시키지 못한 과학자였기 때문이다. 그러나 이러한 표준에 도달한 과학자들 가운데 혹시 획득 형질의 유전을 지지하는 사람들이 있다면, 그러한 사람들은 응당 과학자 공동체로부터 배제되어서는 안 되며 모두에게 존중받아 마땅하다고 류비셰프는 말했다.[11]

류비셰프는 자신을 그와 같은 획득 형질의 유전의 지지자 중 한 명으로 여겼다. 따라서 그는 획득 형질의 유전을 리센코주의와 분리시키고 리센코의 해로운 도그마를 명명백백 밝히기 위해 분투했다. 류비셰프의 오랜 노력이 비록 크게 성공을 거두지는 못했지만, 적어도 몇몇 사람은 그가 리센코에 대한 소련 정부의 지지를 약화시키는 데에 중요한 역할을 했음을 기억하고 있다. 그리고 우리가 살펴본 것처럼, 그는 리센코를 다시 불러오지 않고도 획득 형질의 유전을 받아들일 수 있다는 점을 보여주었다.

결론

결국 우리는 획득 형질의 유전이 실제로 일어날 수도 있다는 점을 깨달았다. 그렇다면 이것이 리센코가 옳았음을 의미하는가? 아니다. 그는 옳지 않았다. 몇몇 사람은 아마도 리센코가 옳았다고 생각할지도 모르겠다. 그들은 수천 년 동안 이어져 내려온 획득 형질의 유전이라는 믿음과 리센코를 부당하게 일체화시키고 있는 것이다. 리센코는 결코 뛰어난 과학자라고 할 수 있는 인물이 아니었으며, 획득형질의 유전은 그의 주장 가운데 작은 일부에 지나지 않았다.

후성유전학의 창시자들은 리센코의 연구를 참조한 것이 아니라 분자생물학의 기초 위에서 자신들의 견해를 발전시켜 왔다.[1] 유전자 발현과 DNA 메틸화 등은 분자생물학에 대한 깊은 지식이 없이는 등장할 수 없는 개념들이다. 후성유전학자들은 게놈의 중요성을 부인하기보다는, 고전유전학적 지식으로도 유전자 발현에 미치는 환경의 영향을 설명할 수 있다고 주장한다. 환경은 전사인자transcription factors, 轉寫因子에 영향을 미친다. 전사인자들은 DNA의 조절요소regulatory elements에 결합하여 유전자 발현을 활성화시키거나 억제한다. 그러나 애초에 전사인자의 결합 능력을 결정하는 것은 뉴클레오타이드 서열the nucleotide sequence이다. 그러므로 후성유전학자들은 게놈의 중요성을 여전히 강조한다. 그러나 그것이 이전에 생각했던 것보다는 더 '외부적 영향에 열려 있다permissive'라고 묘사한다.[2]

리센코는 아마도 여기서 설명한 것과 같은 후성유전학의 틀에 동의하지 못할 것이다. 그는 유전자의 작용을 무시했으며, 사망하기 2년 전인 1974년에 다음과 같은 놀라운 말을 남겼다.

나는 우리가 분자생물학의 어떠한 개념이나 방법도 결코 사용한 적이 없으며 앞으로도 사용하지 않을 것임을 선언한다. 나는 소련의 모든 생물학자, 식물 및 동물 육종가, 그리고 학생에게 이러한 방법들을 채택하지 말라고 충고하고 싶다. 왜냐하면 그것들은 그저 우리가 본질적인 문제, 즉 이론생물학의 발전 과정을 이해하는 데에 방해만 될 것이기 때문이다.[3]

이 인물은 생물학을 수십 년 혹은 수세기 뒤로 후퇴시킬 위인이었다. '분자생물학'이라는 용어는 1938년 워런 위버Warren Weaver에 의해 처음 사용되었다. 1974년 리센코가 이와 같은 발언을 했을 무렵

분자생물학은 이미 전 세계에서 꽃을 피우고 있었다. 실상이 이러한 데도, 그리고 후성유전학이란 이 분야의 개척자들이 분자생물학의 최신 발전에 토대를 두고 엄청난 노력을 투입한 끝에 이룩해 낸 업적인데도, 이를 두고 리센코에게 공로를 돌리고자 한다면 그것은 부정확할뿐더러 공정하지 못한 처사가 아닐 수 없다.

이러한 인식이 반드시 리센코가 행한 모든 것, 특히 젊은 시절에 그가 실용적인 식물 육종가로서 이룬 성과까지도 모조리 다 쓸모없는 것이었다는 또 하나의 극단적인 주장으로 이어져야 하는가? 꼭 그렇지만은 않을 것이다. 리센코는 식물 육종 분야에서 나름대로 유능했으며, 접목 잡종화graft hybridization 같은 그의 개념들 중 일부는 추후 보다 상세하게 살펴볼 가치가 있다(비록 접목 잡종화가 리센코만의 새롭고 독창적인 개념은 아니었을지라도 말이다. 찰스 다윈, 이반 미추린, 루터 버뱅크 등이 이 개념을 진작시킨 바 있다). 만약 리센코가 평범한 민주 국가에서 태어났더라면, 그는 어쨌든 자신의 논밭을 가꾸는 데에 재능이 있는, 또 이런저런 독특한 방법들을 시도했지만 결코 많은 지지를 확보하지는 못했을, 한 명의 농민으로서 기억되었을 것이다. 그의 방법들 중 그 어느 것도 오늘날의 러시아에서 널리 활용되고 있지 않고 있다. 그러나 기근(주로 재앙적인 농업 집체화로 인해 야기됨)에 허덕이던 1930년대 당시의 소비에트연방은 신속하게 농업을 회복시킬 대책이 절실히 필요한 상황에 처해 있었다. 그리고 리센코는 그러한 요구에 부응했다. 독특한 과학 이론을 제시한 사람들 가운데 리센코보다 더 큰 개인적인 행운(그리고 역사적인 비극)을 겪은 사람은 아마도 없을 것이다. 리센코와 그의 시대의 정치적 환경은 서로에게 일종의 부정적인 시너지 효과를 만들어냈다. 달링턴^{C. D.} Darlington은 다음과 같이 말했다.

> 그의 그저 그런 제안은 모종의 광적인 신념과 함께 수용되었다. 이러한 신념은 오직 전체주의적 동원 체제 아래에서만 가능할 일사불란한 열정의 파도, 그 정점으로 리센코를 끌고 올라갔다. 전 세계가 이 이상한 성공에 압도되었다. 심지어 리센코 본인조차도 드네프르댐^{the Dnieper Dam}의 성공 사례 정도나 필적할 수 있을 엄청난 명성을 자신에게 떠안긴 전체주의 체제에 의해 광적으로 과장된 성취에 깜짝 놀랐을 것이다.[4]

물론 리센코의 성과를 뒷받침하기 위해 사용된 농업 생산 통계는 당시의 대부분의 소련 통계가 그러했듯 거짓되거나 조작된 것이었다. 남부럽지 않게 교육을 받지 못했고 마음의 폭도 좁았던 리센코는, 그가 받은 분에 넘치는 주목과 칭찬에 자기 자신을 잃고 완전히 다른 사람으로 변하고 말았다. 자기 자신의 성취에 도취된 리센코는 수단과 방법을 가리지 않고 자신을 비판하는 모든 사람과 끝까지 싸웠다. 이 과정에서 리센코는 스스로를 공산당원이 아닌 한 명의 순박한 농민으로 포장하는 한편, 상대방은 모든 소비에트적인 것에 반대하는 차르 시대 부르주아의 잔재로 고발하는 것이 가장 강력한 투쟁의 방법임을 깨달았다. 소련 전역에서 수백 명씩 '부르주아 전문가들'이 체포되어 나가던 시절, 자신을 비판하는 사람들을 제거하는 것이 리센코에게는 꽤나 손쉬운 일이었을 것이다.

그러나 잠시 리센코의 도덕적·정치적 결함을 차치하고 간단한 질문을 하나 해보자. 어쨌든 리센코의 과학적 견해 가운데 적어도 일부분은 옳았던 것 아닌가? 이에 대한 나의 대답은 다음과 같다. 그가 옳았던 부분에 있어서 그는 독창적이지 않았다. 그가 독창적인 부분에 있어서 그는 옳지 않았다where he was right, he was not original; where he was original, he was not right. 획득 형질의 유전에 대한 그의 믿음은 옳았지만, 그보다 앞선 시기의 선행 연구자들과 그의 동시대 생물학자들도 그와 동일한 믿음을 공유했다. 한 종을 다른 종으로 바꿀 수 있다는 그의 주장은 독창적이었지만 이러한 주장은 다른 연구자들에 의해 재현되지 못했으며, 그러므로 우리는 그가 틀렸다고 결론지어야 한다. 생물학의 세계에서 한 종이 다른 종으로 바뀌는 현상은 분명히 발생한다. 그렇지 않다면 어떻게 진화가 일어났겠는가. 게다가 근래에 이러한 현상은 박테리아를 대상으로 한 게놈 이식genome transplantation이라는 방법을 통해 유도되기도 했다.[5] 그러나 내 생각에 이러한 업적을 리센코에게 귀속시키는 것은 후성유전학의 성공을 그에게 돌리는 것만큼이나 착오적일 수 있다. 두 경우 모두 리센코는 과학의 내부에서 이러한 진보에 동참하기보다는 그저 그 외부를 전전했다.

리센코는 실제로 획득 형질의 유전 개념을 제대로 대변하지 못했다. 러시아 안팎의 다른 과학자들이 이 임무를 훨씬 더 효과적으로 수행해 냈다. 리센코의 실험들은 대부분 주도면밀하게 설계되지 않았거나 검증이 불가능했다. 반면 리센코가 권좌에 있을 때조차, 획득 형질의 유전은 미국의 트레이시 손본Tracy Sonneborn 등의 과학자들에 의해 보다 설득력 있게 옹호되고 있었다. 손본은 짚신벌레과Paramecium 원생동물군을 대상으로 획득 형질의 유전이 가능할 수도 있음을 보여주었다.[6]

최근 러시아에서 떠오르고 있는 신리센코주의neo-Lysenkoism는 어떠한 결과를 초래하게 될 것인가? 러시아 생물학계에 진정한 위협이 될까? 리센코주의가 다시 한번 러시아를 장악하는 날이 올까? 이와 같은 격변이 일어날 가능성은 매우 적다. 블라디미르 푸틴 치하의 러시아는 고통스러울 정도로 권위주의적이지만, 사회 통제의 정도 면에서 스탈린의 소련에는 비할 바가 못 된다. 리센코가 살았던 소련 시절에는 공산당과 비밀경찰이 모든 대학, 모든 연구기관, 모든 학술지, 모든 언론을 통제했다.[7] 당국의 허가 없이 그 누구도 국경 밖으로 나갈 수 없었다. 생물학에 어떠한 관점을 적용할 것인가는 국가가 정책적으로 결정할 문제였다. 이와는 대조적으로 푸틴 시대 러시아의 과학자들은 서방의 동료 과학자들과 항시적으로 접촉하고 있다. 빈번하게 전문적인 학회 모임에 참석하기 위해 해외로 여행을 떠나고, 각종 협력 연구 프로젝트를 통해 서방 과학자들과 함께 일하고 있다. 인터넷과 이메일이 전 세계의 과학자들을 하나로 묶어놓았다. 이러한 국제적인 과학 공동체에 참여하는 러시아 과학자들 가운데 리센코를 지지하는 사람은 대단히 적다.

게다가 푸틴 정부는 러시아를 첨단 과학기술을 선도하는 국가로 만들고 싶어 한다. 스콜코보Skolkovo는 러시아판 실리콘밸리라고 할 수 있는데, 생의학 연구는 스콜코보에서 특화된 연구 분야 중 하나이다. 분자생물학에 대한 온전하고 탁월한 지식 없이는 생의학 분야에서 두각을 나타내기 어려울 것이다. 그리고 분자생물학은 리센코의 생물학과는 매우 다른 원리들에 기초하고 있다. 러시아 생물학계의 유능한 연구자들은 이 사실을 매우 잘 이해하고 있다. 그들의 상급 관리자들 또한 이를 알고 있고, 심지어 푸틴과 그의 측근들도 이를 이해한다. 따라서 리센코주의가 다시 러시아 유전학계를 집어삼킬 위험성은 거의 없다고 할 수 있을 것이다. 오히려 리센코 지지자들이 초래하는 진정한 위협은 그들이 대중의 인식과 중등 교육에 미치는 영향력에 있을 것이다. 지금까지 살펴보았듯 민족주의자들은 리센코의 견해를 대변하는 10학년~11학년용 생물학 교과서를 새로 제작했으며, 일선 학교들에 이 교과서를 채택하도록 압력을 넣고 있다.

신리센코주의는 또 다른 종류의 폐해를 야기하고 있다. 신리센코주의가 과거에 대한 우리의 인식을 왜곡하는 것이다. 러시아의 과거뿐만 아니라 우리의 과거 또한 함께 뒤틀리고 있다. 애석하게도 러시아 및 서방에서 많은 사람이 다음과 같이 리센코를 해석하는 입장을 기꺼이 받아들이고 있다. "리센코는 끔찍한 사람이었지만, 그가 획득 형질의 유전과 관련하여 옳았다는 점을 인정해야 하며, 따라서 우리는 옛날보다는 더 많이 그의 공로를 기억해야 한다." 이러한 해석을 따르는 글들이 속속 서구 학술지에도 나타나고 있다.[8] 그러나 후성유전학을 포함하여 현재 우리가 향유하게 된 새로운 생물학적 지식들은 리센코가 행했던 연구에서 기인하는 것이 아니다. 오히려 리센코가 거부했던 고전유전학의 계보 위에서 등장한 것이다. 획득 형질의 유전을 지지하면서도 리센코에게 대항했던 수십 명의 생물학자들이 존재했다. 따라서 획득 형질의 유전과 관련하여 리센코가 이들 생물학자들보다 더 특별하게 기억될 이유는 없다고 할 수 있다. 그럼에도 우리는 이 생물학자들의 이름 대신 리센코의 이름만을 기억한다. 그의 전횡 때문이리라.

이 책에서 나는 '정확성accuracy'을 뛰어넘는 '용례usage'의 승리에 대해 여러 차례 언급했다. 우리는 과거의 과학자들이 수행한 다양한 연구들을 무시한 채 그들을 하나의 개념이나 사상으로 환원하려는 경향이 있다. 예컨대 라마르크를 이야기할 때 우리는 그저 '획득 형질의 유전'을 떠올린다. 실제로 이 개념은 라마르크의 학문 세계 내에서는 작은 일부에 지나지 않았고, 그의 동료들 대부분이 이를 공유했다는 사실은 쉽게 잊혔다. 누군가 바이스만을 언급한다면, 우리는 곧바로 '생식질 이론'을 생각한다. 실제로 바이스만 본인은 이론에 대해 명확하게 이야기한 적이 없음에도 말이다. 그리고 이제 우리는 리센코에 관해 비슷한 문제에 직면해 있다. 오늘날 그의 이름이 언급될 때, 우리는 '획득 형질의 유전'을 떠올릴 것인가 아니면 '폭압적인 국가에 덕분에 자신의 견해를 타인들에게 정치적으로 강요할 수 있었던 무능한 과학자'의 모습을 그릴 것인가? 이것은 중요한 질문이다. 두 번째 해석이 옳다는 것이 나의 생각이다. 리센코가 결국은 옳았다고? 아니, 리센코는 끝내 틀렸다.

감사의 말

우선 지난 수십 년 동안 러시아 과학에 관한 나의 연구를 지원해 준 미국과 러시아의 여러 기관 및 재단에 감사의 뜻을 전하고 싶다. 여기에는 미국, 소련, 러시아 간의 여러 국제 학술 교류 프로그램을 주관한 미국 정부뿐 아니라, 러시아 과학아카데미, 상트페테르부르크 유럽대학교the European University in St. Petersburg, 모스크바대학교를 비롯한 여러 러시아의 대학, 연구소, 도서관, 아카이브가 포함된다. 또한 미국 측의 민간연구개발재단 글로벌 프로그램CRDF Global, 국립과학아카데미the National Academy of Sciences, 풀브라이트-헤이스 프로그램the Fulbright-Hayes Program, 국제연구교류 프로그램the International Research and Exchanges Program, 구겐하임 재단the Guggenheim Foundation, 고등연구재단the Institute for Advanced Study, 포드 재단the Ford Foundation, 맥아더 재단the John D.

and Catherine T. MacArthur Foundation, 뉴욕 카네기 재단the Carnegie Corporation of New York, 사회과학연구위원회the Social Science Research Council, 국립과학재단the National Science Foundation, 국립인문학재단the National Humanities Foundation, 슬론 재단the Sloan Foundation 등이 과거 수십 번 진행된 러시아에서의 현장 연구를 한 차례 이상 후원해 주었다.

내가 교수로 재직했던 인디애나대학교, 컬럼비아대학교, MIT, 하버드대학교는 러시아 과학에 대한 나의 교육 및 연구 활동을 적극적으로 지원해 주었다. 사립과 국립을 막론하고 이처럼 다채롭게 학문을 지원해 주는 단체들이 존재하는 국가의 시민으로 살아왔음 또한 마땅히 감사해야 할 일이다. 비록 러시아보다는 미국 측에서 더 많은 재정적 지원을 받아왔지만, 나의 연구는 러시아의 환대에 빚을 지고 있다. 그 환대 덕분에 미국과 러시아 간의 정치적인 관계가 좋을 때나 나쁠 때나 나는 러시아의 도서관과 아카이브에서 수개월, 많게는 수년 동안 작업을 진행할 수 있었다. 책의 본문에서 간단히 언급했듯이, 한때 러시아 정부에 의해 입국금지자로 지정된 적도 있었다. 그러나 불과 몇 년 후 나는 모스크바에서 러시아 과학아카데미가 수여하는 "과학사 부문 우수 학술상"을 수상했다. 많은 러시아인에게 러시아에 대한 미국인 학자의 학술 연구란 꽤나 복잡한 무언가, 심지어는 골칫거리였을 것이다. 그럼에도 전반적으로 러시아 사람들은 기꺼이 내가 그들의 문헌자료를 열람할 수 있게 도와주었다. 그러한 기꺼움은 언제나 인상적이었다. 때때로 러시아인들은 나의 연구 결과를 높이 평가해 주기도 했다. 내가 러시아 현지에서 러시아 과학에 대해 연구했던 것과 비슷하게 어떤 러시아 학자가 미국으로 와 오랜 시간 미국 과학을 연구했다고 가정해 보자. 미국인 연구자들이 내 연구가 러시아에서 환영받았던 것만큼 이 러시아 학자의 연구를 인정하고 상찬해 줄까? 글쎄, 잘 모르겠다.

데이비드 조라프스키David Joravsky, 조레스 메드베데프Zhores Medvedev, 발레리 소이페르Valery Soyfer는 리센코주의 역사 연구의 선구자들이다. 나는 이들에게 깊이 감사한다. 다른 중요한 업적을 남긴 후속 세대 연구자들로는 마크 애덤스Mark Adams, 가이시노비치A. E. Gaissinovitch, 니콜라이 크레멘초프Nikolai Krementsov, 알렉세이 코제프니코프Alexei B. Kojevnikov, 닐스 홀-한센Nils Roll-Hansen, 에두아르드 콜친스키Eduard Kolchinsky, 니콜라이 보론초프Nikolai Vorontsov, 미하일 골루보프스키Mikhail Golubovsky, 미하일 코나셰프Mikhail Konashev 등을 꼽을 수 있다. 그 외 수많은 연구를 참고문헌에 포함했다. 동료 과학사 연구자인 에두아르드 콜친스키와 미하일 코나셰프는 러시아 및 소련 생물학에 관한 자신들의 연구를 내게 공유해 주었다. 그들의 고향인 상트페테르부르크에서 나는 상트페테르부르크대학교 유전학과를 이끌고 있으며 이 분야의 역사에 깊은 조예가 있는 세르게이 잉게-베츠토모프Sergei Inge-Vechtomov와 친분을 나눌 수 있었다. 마찬가지로 상트페테르부르크에서 러시아 의학과학아카데미의 바라노프V. A. Baranov와 제2차 세계대전 중 레닌그라드 봉쇄가 생존자들의 건강에 미친 영향에 관해 귀중한 업적을 생산한 리디아 호로시니나Lidiia Khoroshinina를 인터뷰했다. 모스크바에서는 수많은 생물학자를 인터뷰했고 또 트로핌 리센코와 직접 대화할 수 있었다.

오스트리아에서 파울 캄머러에 대해 연구하는 과정에서 나는 푸흐베르크 박물관the Puchberg Museum의 카를 리터Karl Rieter 박사, 푸흐베르크 관광국의 마누엘라 회들Manuela Hödl, 그리고 소냐 마르크 바우어Sonja Marg Bauer로부터 큰 도움을 받았다. 홀연히 오스트리아의 작은 마을로 찾아와 거의 90년 전에 일어났던 사건에 대해 캐묻는 미국 출신 외지인이 그토록 현지인들에게 환영과 격려를 받으며 관련 문헌을 찾는 데에 도움을 받을 수 있었다는 사실이 아직까지 잘 믿기지 않는다. 소냐 바우어는 푸흐베르크에서 파울 캄머러에게 어떤 있었는지 연구하여 여러 향토 문헌을 써 내려간 사람이다. 그와 그의 남편은 나의 아내와 나를 그들의 자택으로 초대하여 이런 문헌들을 친히 보여주었다.

러시아에서도 오스트리아에서와 유사한 호사를 누렸다. 걸출한 생물학자이자 연방 하원의원을 지낸 니콜라이 보론초프는 리센코에 대항한 오랜 투쟁에 참여했던 자신의 경험을 들려주었다. 니콜라이는 소련의 처음이자 마지막 환경부 장관을 지냈으며, 비공산당원 가운데 소련 각료평의회(미국 연방정부의 내각에 해당)에 입성한 유일한 인물이기도 하다. 니콜라이와 그의 가족 전체가 나와 아주 가까운 친구가 되었다. 그의 아내인 엘레나 랴푸노바Elena Lyapunova 또한 러시아 과학아카데미 산하 콜초프 발생생물학 연구소the Koltsov Institute of Developmental Biology 소속 생물학자였으며, 리센코 사건과 러시아 생물학사에 대해 해박한 지식을 갖고 있었다. 엘레나가 근무한 연구소의 이름은 이 책의 4장에 등장한 니콜라이 콜초프에게서 따온 것이다. 그뿐 아니라 나는 니콜라이와 엘레나의 딸인 마샤Masha와 아들 게오르기George와도 가까워졌는데, 이들도 다방면으로 나에게 도움을 주었다.

노보시비르스크에서는 드미트리 벨랴예프Dmitrii Belyaev가 그의 저명한 연구소에서 나를 수차례 반겨주었다. 1장에서 설명한 것처럼, 이 연구소는 그가 최초로 야생 여우를 가축화하는 데에 성공했던 바로 그곳이었다. 나와 처음 대화를 나누었을 때만 해도 벨랴예프는 어떠한 방식의 획득 형질의 유전에 대해서도 강한 거부감을 드러냈다. 그러나 자신의 여우들과 함께하는 연구가 심화되어 갈수록, 그 또한 '스트레스'가 유전적으로 영향을 미칠 수 있다는 생각을 품기 시작했다.

나로 하여금 구체적으로 러시아의 후성유전학에 대해 연구해 봐야겠다는 생각을 품게 만든 장본인은 하버드대학교 의과대학의 신경학 교수 토머스 번Thomas Byrne이었다. 나는 아직도 그의 자택에서 우리가 나눈 대화를 생생하게 기억하는데, 그때 그는 어떻게 러시아에서 후성유전학이 수용되고 있는지 궁금해했다. 나는 곧 조사에 착수했고, 이를 계기로 학문적으로 완전히 새로운 지평에 눈을 뜨게 되었던 것이다. 에바 야블론카Eva Jablonka는 그가 동료 마리온 램Marion J. Lamb과 함께 참석했던 학회에 대해 내게 이야기해 주었고, 그곳에서 후성유전학이 얼마나 열띤 논쟁의 대상이 되었는지 가르쳐 주었다. 마우리치오 멜로니Maurizio Meloni와 나눈 톡톡 튀는 대화는 다양한 문제를 이해하는 데에 도움이 되었다. 그는 현재 이 책과 여러모로 연관성이 깊은 정치생물학political biology에 관한 책을 집필하고 있다.

데이비트 태틀David Tatel, 마이클 고딘Michael Gordin, 뱌체슬라프 게로비치Vyacheslav Gerovitch, 저슨 셔Gerson Sher, 마저리 세네클Marjorie Senechal, 펠튼 제임스 토니 얼스Felton James Tony Earls, 매리 칼슨Mary Carlson, 에드워드 윌슨Edward O. Wilson, 제롬 케이건Jerome Kagan, 미하일 골루보프스키, 마이클 미니Michael Meaney, 더글러스 와이너Douglas Weiner를 비롯한 수많은 친구와 동료가 이 책의 여러 버전의 원고를 읽고 귀중한 제언을 공유해 주었다. 이들 한 명 한 명에게 받은 도움과 영감을 자세히 언급해 두고 싶다. 그들은 충분히 그럴 가치가 있으므로.

데이비드 태틀은 저명한 판사이면서 대단히 박학다식한 학자이다. 그의 폭넓은 식견으로 이 책의 초기 원고를 검토한 후 다수의 유용한 논평을 남겨주었다. 마이클 고딘은 프린스턴대학교에서 일군의 러시아 과학사 연구자들을 이끌고 있다. 그가 본인과 제자들의 연구를 통해 이 분야에 남긴 영향력은 매우 지대하다고 할 수 있다. 그러한 고딘으로부터 조언을 들을 수 있었음을 감사하게 생각한다. 뱌체슬라프 게로비치는 사이버네틱스, 소련의 우주탐사 프로그램, 수학의 역사에 관련하여 예리한 학문적 성과를 생산해 왔다. 이 책은 그의 논평의 덕을 크게 보았다. 저슨 셔는 탁월한 행정가이자 학자이다. 그는 민간연구개발재단the Civilian Research and Development Foundation, CRDF을 창립함으로써 우리 분야에 크나큰 영향을 미쳤다. 그는 나를 비롯한 여러 연구자에게 관대한 지원을 제공했다. 마저리 세네

클은 미국과 러시아 과학계 간의 각종 공동 프로젝트를 열정적으로 추진하고 있는 수학자 겸 대학교수이다. 그의 아낌없는 도움 덕분에 이 책이 더 좋은 형태로 세상에 나올 수 있었다. 나는 저슨 셔, 마저리 세네클, 빅토르 라비노비치Victor Rabinowitch, 메릴린 파이퍼Marilyn Pifer, 할리 밸저Harley Balzer와 함께 수차례 러시아를 여행했고, 그때마다 이들로부터 많은 것을 배울 수 있었다. 토니 얼스와 그의 아내 매리 칼슨은 여러 주제에 관해 내가 모르는 것들을 알려주었으며, 내가 후성유전학과 관련된 몇 가지 매우 어려운 문제를 이해하는 데에 결정적인 도움을 주었다. 에드워드 윌슨은 그가 속한 세대의 최고의 생물학자 중 한 명이다. 그는 내 원고를 읽어주었으며 궁극적으로 하버드대학교출판부라는 훌륭한 출판사에서 책을 간행할 수 있도록 도와주었다. 제롬 케이건은 자신만의 뛰어난 학문을 전개하는 와중에 다른 여러 분야에도 폭넓은 관심을 갖고 있는 학자이다. 그 또한 시간을 쪼개서 내 글을 읽어주었고 의견을 공유해 주었다. 미하일 골루보프스키는 스스로 과학자이면서도 역사학자인 몇 안 되는 연구자 중 한 명이며, 근래의 유전학과 분자생물학의 역사적 전개에 대해 깊은 지식을 갖고 있다. 그는 내가 추가적으로 읽어봐야 할 참고문헌들을 제안해 주었으며 내 글에 대해서도 따끔한 논평을 남겨주었다. 마이클 미니는 초세대적 후성 유전에 관한 한 전 세계에서 가장 잘 알려진 연구자 중 한 명이다. 그는 감사하게도 이 책의 원고를 읽고 자신의 생각을 전해주었다. 더글러스 와이너는 러시아와 소련의 환경사 연구를 주도하고 있는 역사학자이며, 그러한 관심의 연장선상에서 리센코주의와 소련 생물학의 굴곡진 역사를 비롯한 이 책의 주요 주제들에 관해 깊이 고민해 왔다. 그 또한 이 책의 초기 원고를 검토해 주었으며 나 스스로가 나의 작업에 관해 더 잘 이해할 수 있게끔 도움을 주었다. 끝으로 나는 뛰어난 유전학자 비키 챈들러Vicki Chandler가 필라델피아에서 열렸던 미국철학회the American Philosophical Society 학술회의에서 내게 남겨준 논평에서도 여러모로 영감을 받았음을 밝혀둔다.

친구 및 동료와의 교류를 통해 새로운 아이디어를 발전시키는 데에 있어서 매사추세츠주 케임브리지보다 더 훌륭한 장소는 없을 것이다. 그중에서도 내게 가장 큰 도움을 준 사람들은 하워드 가드너Howard Gardner, 엘렌 위너Ellen Winner, 셸리 그린필드Shelly Greenfield, 앨런 브란트Allan Brandt, 케이 머세스Kay Merseth, 찰스 로젠버그Charles Rosenberg이다. 나의 가장 친애하는 친구인 에버렛 멘델손Everett Mendelsohn과 매리 앤더슨Mary Anderson은 생명체라는 "파도 파도 끝이 없는 문제"를 포함하여 수없이 다양한 주제에 대해 오랜 세월 나에게 가르침을 주었다. 에버렛은 걸출한 생물학사 연구자이며 이 분야의 전문가들을 수십 년 동안 훈련시켜 왔다. 매리는 국제개발을 비롯한 여러 문제에 해박한 지식을 갖고 있다. 이들과 우정을 나눌 수 있었음은 나에게 큰 복이었다.

나는 이 책의 대부분을 하버드대학교 데이비스 러시아·유라시아학 센터the Davis Center for Russian and Eurasian Studies at Harvard University에서 집필했다. 데이비스 센터가 내게 너그러이 연구실과 행정적 도움을 지원해 준 덕분이었다. 공동 센터장인 테리 마틴Terry Martin과 라비 압델랄Rawi Abdelal 그리고 총괄 디렉터인 알렉산드라 바크루Alexandra Vacroux는 학자들에게 완벽한 환경을 조성해 주었다. 또한 센터의 직원들로부터 구체적인 업무와 관련된 도움을 받았다. 레베카 저드슨Rebekah Judson은 도통 알 수 없는 이유로 내 온라인 클라우드에서 어느 날 사라져 버린 방대한 참고문헌 목록을 복구해 주었다. 도나 그리센벡Donna Griesenbeck은 나와 일할 연구 조교를 찾아주었다. 사라 페일라Sarah Failla는 언제나 곁에서 적절한 조언을 해주었으며, 케이티 제노비스Katie Genovese와 마리아 앨타모어Maria Altamore는 일상적인 사무 업무를 도맡아 처리해 주었다. 페넬로피 스칼닉Penelope Skalnik은 몇 차례 강연할 기회를 섭외해 주었다. 데이비스 센터 전속 사서인 휴 트러슬로Hugh Truslow는 찾기 힘든 정보를 찾아내는 데에 있어서 최고의 전문가이다.

에이전트 업무를 맡아준 아이크 윌리엄스Ike Williams와 그의 동료 캐서린 플린Katherine Flynn의 완벽한 일처리 덕분에 훌륭한 출판사를 통해 책을 출간할 수 있었다. 이 책의 제목을 제안해 준 것도 다름 아닌 아이크였다. 하버드대학교출판부는 학자들의 진정한 친구라고 할 수 있으며, 나 또한 출판부 담당 직원들의 안내를 통해 혜택을 입었다. 특히 편집자 캐슬린 맥더머트Kathleen McDermott의 도움이 컸다.

나의 아내 퍼트리샤 그레이엄Patricia Albjerg Graham은 60년이 넘는 세월 동안 동반자로서 내 곁에 머물러 주었다. 그 모든 세월 동안 우리는 단 한 번도 이야깃거리가 떨어질까 걱정해 본 적이 없다. 동료

학자로서 퍼트리샤는 나의 수많은 오류를 교정해 주었다(물론 애석하게도 우리가 모든 오류를 잡아내지는 못했지만 말이다). 또한 우리 딸 메그^{Meg}와 그의 남편 커트^{Kurt}가 있어서 나와 퍼트리샤는 우리 생을 충만하게 즐길 수 있었다. 이 책을 메그와 커트에게 바치고 싶다. 이토록 화목한 가정을 가질 수 있었다는 것은 내게 더없는 행운이었다.

옮긴이의 말

2018년 4월 5일 오후 4시, 이 책의 옮긴이인 나는 하버드대학교 사이언스센터 3층에 위치한 과학사학과 라운지에서 열린 연례 명예교수 만찬회Emerti Reception에서 저자 로렌 그레이엄 교수를 처음 만났다. 그레이엄 교수는 오랜 세월 매사추세츠공과대학MIT에서 소련 과학기술사를 가르쳐 왔다. 다만 하버드대학교 과학사학과와 MIT 역사학·인류학·과학기술학 협동과정History, Anthropology, and STS, 약칭 HASTS 간의 오랜 교류·협력의 전통으로 인해, 그가 재직 기간 하버드대학교 과학사학과에도 크고 작은 기여를 했다는 점이 인정되어 은퇴 이후 MIT와 하버드대학 모두로부터 명예교수직을 수여받았다. 이날의 만찬회는 그가 오언 진저리치Owen Gingerich, 캐서린 파크Katharine Park, 찰스 로젠버그Charles Rosenberg 등 하버드 과학사의 동료 명예교수들과 함께 주최한 자리였다. 1933년생인 그는 84세의 정정한 노구를 이끌고 참석하여 후학들을 격려하고 있었다.

중국 사회주의 농업과학사에 관심이 있었던 나는 평소 과학과 혁명 이데올로기 사이의 관계라는 화제를 중심으로 그레이엄 교수의 소련 과학기술사 연구서들을 탐독했다. 특히 소련 과학아카데미에 관한 1967년도 저서, 소련 과학사 및 과학철학 전반을 다룬 1972년도 저서, 그리고 국내에도 『처형당한 엔지니어의 유령』(최형섭 옮김, 역사인, 2017)이라는 제목으로 번역되어 소개된 1993년도 소련 기술사 관련 저서에서 큰 영감을 받았다. 책으로만 만나던 그레이엄 교수가 눈앞에 있음에도, 당시 박사과정생 중에서도 말단에 속했던 나는 쉽게 말을 걸지 못하고 애꿎게 샴페인만 축내고 있었다. 나의 지도교수 중 한 명인 재닛 브라운Janet Browne 교수가 그런 모습을 보다 못하고 결국 도움의 손길을 내밀었다. 그렇게 나는 저자와 처음으로 대면하게 되었고, 마오 시기 중국 과학의 전개에 미친 소련 과학계의 영향에 대해 이야기를 나눌 수 있었다. 대화의 과정에서 리셴코의 이름이 몇 차례 언급되었고, 그날 나는 2016년에 출판된 이 책의 존재를 처음 알게 되었다.

며칠 후 상대적으로 그리 길지 않은 이 책을 읽어 내려가며 언젠가 기회가 된다면 이를 꼭 우리말로 번역하고 싶다고 생각했다. 그날 이후 오늘에 이르기까지 크게 다섯 가지 정도의 이유를 떠올릴 수 있었는데, 내용 면에서 두 가지, 과학사의 방법론이라는 측면에서 세 가지 포인트를 이 '옮긴이의 글'의 지면을 빌려 독자들에게 말

쓸드리고 싶다.

| 1. 리센코와 리센코주의

사실 과학사에 관심 있는 독자라면 한 번쯤 리센코라는 이름을 들어봤을 법하다. 과학의 역사에서 가짜 과학pseudoscience의 대명사로 워낙 악명이 높기 때문이다. 한편 '진정한 과학'과 '가짜 과학'을 구분하는 데에 관심이 있는 사람들 외에도, 과학과 정치의 관계, 보다 구체적으로 과학과 사회주의의 관계에 대해 고민하는 사람들 또한 리센코의 이름을 맞닥뜨리게 될 공산이 크다. 오랜 세월 리센코주의는 스탈린 치하의 소련이 어떻게 과학의 '진리'를 망가뜨렸는가를 가장 잘 보여주는 반면교사로서 과학사학계에 널리 회자되어 왔기 때문이다. 리센코(주의)는 그 자체로 중요한 테마임에 틀림없다.

과학사 및 과학기술학 전공자들이 이상과 같은 이유로 리센코에 주목해 왔다고 한다면, 현실 사회주의 국가의 사회경제사, 특히 농업·농촌·농민을 연구하는 역사학자들은 조금 다른 각도에서 리센코주의에 접근해 왔던 것 같다. 이 책의 본문에서 서술되고 있듯, 리센코주의는 물론 유전에 관한 이론이었지만 그 적용 범위가 결코 유전학에만 국한되었다고 볼 수 없다. 훨씬 더 광범위하게 농업과 축산업 전반에 관여했던 것이다. 또한 그 영향력의 범위는 소련을 넘어 동구권 전체로 확대되었다. 다시 말해 20세기 중반 동독, 헝가리, 중국, 북한, 북베트남, 쿠바 같은 사회주의 국가의 농정農政은 대체로 리센코주의에 의해 정치적·이론적으로 뒷받침되었다. 심지어 미국, 영국, 프랑스, 일본 등 자본주의 국가의 경우에도, 국가의 공식적인 정책에까지는 영향을 미치지 못했지만, 일부 과학자들이 리센코주의에 호응하는 움직임을 보이기도 했다. 이러한 점에서 최근 역사학자들은 리센코주의를 하나의 지구적 현상the global Lysenko phenomenon 으로 간주하고 적극적으로 비교사comparative history 및 연결사connected history 연구를 전개하고 있다.[1]

그런데 이처럼 여러모로 흥미를 돋우는 꽤나 유명한 소련 과학자 리센코의 삶과 이론에 대하여, 내가 과문한 탓인지 모르겠지만, 애석하게도 국내에는 아직까지 단행본 분량의 신뢰할 만한 정보가 유통된 적이 없는 것 같다. 이 책이 처음으로 그러한 역할을 수행하게 될 것으로 보인다. 이 사실만으로도 본서를 역간할 가치가 충분하다고 판단했다.

리센코주의에 대한 내용 이외에도, 독자들은 특히 이 책의 2장, 3장, 4장을 통해 생물학·유전학·우생학의 역사 전반에 대해 간결하면서도 풍부한 설명을 들을 수 있을 것이다. 독자들은 아마도 라마르크, 다윈, 파블로프, 바이스만, 모건, 베이트슨, 캄머러 등에 대해, 저자의 표현을 빌려 말하자면, '용례'보다 '정확성'에 입각한 일련의 이해를 갖게 될 것이다.

| 2. 소련·러시아의 과학계 및 지성계

이에 더하여 나는 이 책을 통해 러시아의 과학계 및 지성계의 분위기에 대해 초보적이나마 감을 잡을 수 있는 부분이 있을 수 있다는 점을 강조하고 싶다. 2021년 현재 우리는 미국과 서유럽을 중심으로 하는 세계 체제와 마찰을 빚고 있는 시진핑 치하의 중국을 바라보고 있다. 그리고 푸틴의 러시아는 그러한 중국의 든든한 우군인 것 같다. 혹자는 이러한 국제정세의 구도를 두고 '신新냉전'이라고 이름 붙이기도 한다. 현 상황을 무엇이라 규정하든, 한국이 이러한 국제정세의 변화에 기민하게 대처해야 함은 물론이다. 이 문제와 관련하여 중국에 대해서는 꽤나 많은 정보와 담론이 유통되고 있지만 러시아에 대해서는 그렇지 않다는 점을 상기하면서, 본문에서 발췌한 다음을 다시 읽어보자.

유전에 대한 서로 다른 이론들을 객관적이고 차분하게 평가하겠다는 샤탈킨의 입장은 책의 후반부로 갈수록 극적으로 후퇴한다. 급기야 그는 서방 유전학에 대해 공격을 퍼붓는다. 이는 푸틴 시대의 새로운 러시아 민족주의를 반영하는 것이다. 그는 서방이 러시아에 대해 전쟁을 시작했으며, 그 과정에서 서방 과학자들은 '유능한 리센코'를 욕보였고 자신들만이 마치 '절대적 진리'를 독점한 것처럼 거들먹거렸다고 주장했다. 샤탈킨이 보기에, 미국인들은 "러시아 과학의 날개를 꺾어버리고" 러시아의 "내재적 발전"의 가능성을 말살하기 위해 리센코를 비방했다(172~173쪽).

나는 이와 같은 일부 러시아 지식인들의 세계 인식이 중국공산당 창당 100주년 기념식에서 미국을 겨냥해 "중국을 괴롭히면 머리 깨져 피 흘릴 것"이라고 말한 시진핑의 그것과 기묘하게 공명하고 있다고 느꼈다. 이른바 '근대성modernity'이라는 개념으로 통칭해 볼 수 있을 현 세계의 거시적인 권력·질서·가치·규범에 도전장을 내밀고 있는 중국과 러시아의 행보를 이해하기 위해, 우리는 그 이면에 놓인 그들의 가치관과 심리 상태에 보다 섬세하게 접근할 필요가 있을 것 같다. 리센코주의를 중심으로 하는 소련·러시아의 굴절된 과학사는 바로 이러한 논점을 일정 부분 반영하고 있는 것이다.

| 3. 인용의 정치학

이제부터는 과학사의 연구 방법론의 측면에서 본서의 가치에 대해 이야기해 보려 한다. '인용의 정치학politics of citation'이라는 말이 있다. 이 말은 학술적인 인용 관행이 중립적이기보다는 대단히 정치적이라는 통찰을 담고 있다. 이는 북미의 학자가, 예컨대 라틴아메리카나 동남아시아의 역사를 연구하면서 영어로 된 문헌만 참고할 뿐, 1차 사료를 제외하고 현지 언어로 수행된 연구 성과에 대해서는 완전히 무지하거나 거의 인용하지 않는 태도를 꼬집는 문제의식과 연관이 있다. 일종의 '학문의 제국주의'를 비판하는 것이다. 영어와 유럽언어를 주요 학문 언어로 삼아 비非영어권 국가와 사회를 연구하는 학자라면 언제든지 쉽게 빠질 수 있는 함정이기도 하다. 특히 오랜 세월 서유럽과 북미를 중심으로 연구사가 형성되어 온 과학기술사를 전공하는 경우, 특히 이 '인용의 정치학'이라는 문제 앞에서 스스로 비판적일 필요가 있겠다. 바로 이러한 점에서 러시아 내 여러 지역을 직접 답사하고 주요 역사 행위자들과 대면했으며 또 러시아 원어 문헌을 광범위하게 섭렵한 저자 로렌 그레이엄은 실로 모범적인 선학 중 한 명이다. 저자의 이러한 노력과 헌신 덕분에 러시아인들의 목소리와 관점은 다양한 형태로 저자의 연구 속에 반영될 수 있었다고 생각한다. 이는 분명 배울 가치가 있는 덕목이다.

| 4. 역사가의 시좌에 대한 역사화

앞에서 말한 '인용의 정치학'이라는 문제는 비단 '인용'이라는 기술적인 측면 외에도 얼마나 연구자가 연구하려는 '타자others'의 바다 속에 스스로를 몰두immerse 시킬 수 있는가 하는, 보다 근본적인 문제에 맞닿아 있다. 나는 이상적인 연구자란 '타자'와의 만남을 통해 '자기self'의 편견과 통념과 삶의 태도를 반성적으로 연화軟化, soften 시키고 보다 다층적이고 포용적인 인식들을 갖기 위해 노력하는 학자라고 생각한다.

이러한 점에서 나는 저자 그레이엄 교수가 얼마나 전향적이었는지에 대해서 다소간 회의적이다. 비록 그가 '인용'의 기술적인 측면에 있어서는 더없이 훌륭했지만 말이다. 즉, 내가 보기에 저자가 사회주의 소련과 포스트사회주의 러시아라는 '타자'를 거울로 삼아 자신의 '미국적'인 혹은 '냉전적'인 인식들을 적극적으로 반성하고 '해체'하려고 했던 것 같지는 않다. 본문에서 쉽게 알아챌 수 있듯, 저자는 자유민주주의 및 자본주의 체제가 현실 사회주의에 대해 '승리'했다고 생각하는 프랜시스 후쿠야마식 '역사의 종언'의 망탈리테를 얼마간 내재화한 인물이다. 그뿐 아니라 그는 미국과 서유럽을 대표로 하는 자유민주주의 사회에서 과학이 실행되는 일련의 방식들을 가장 이상적인 '표준'이라고 굳게 믿고 있는 것 같다. 예를 들어 저자는 과학의 '내부'와 정치라는 '외부'는 이분법적으로 명확히 구별되는 실체이며,[2] 전자는 후자로부터 자유로워야 한다고 생각하는 것으로 보인다. 또 그는 오늘날 러시아 과학자들이 '국제적인 과학 공동체'에 적극적으로 참여하는 모습을 높게 평가하는데, 이 대목에서 소위 '국제적인 과학 공동체'에 뿌리 깊게 박힌 영어라는 언어와 영미 대학 및 자본의 헤게모니에 대해서는 무비판적인 것 같다.[3]

그러나 모든 사람은 결국 자신이 살아간 시공간의 산물이다. 그렇다면 저자 그레이엄이 20세기 중후반 미국에서 소련 과학사를 연구하며 갖게 된 자신의 사회 인식과 역사 인식 자체를 비난할 수만은 없다. 더욱이 그는 역사가로서 자신의 '시좌視座'를 굳이 숨기려 들지 않는다. 오히려 그는 그것을 역사화하고 상대화하려는 태도를 견지하고 있다. 자신의 '시좌'의 유한성을 부인한 채, 자신의 관점과 결론이 가장 '객관적'이라거나 가장 '정확한' 것이라고 섣불리 주장하지 않는다. 그의 다음과 같은 생각을 주목하라. 이러한 통찰은 자연과학뿐만 아니라 역사학에서도 실로 타당하다고 생각한다.

우리는 결코 절대적 진리를 파악할 수 없다. 그럼에도 우리는 분명 자연에 대해 어느 정도 입증 가능한 견해들을 파악할 수 있다. 언제나 우리는 자연에 대한 더 정당한 견해와 덜 정당한 견해를 구별하려고 노력할 수 있으며, 이는 실로 우리의 의무라고 할 수 있을 것이다. 동시에 우리는 그러한 구별이 후대에 수정될 수도 있다는 점을 상기해야 할 것이다. (⋯) 나는 과학의 진보와 관련하여 각각의 세대가 그때그때 자신의 시대에 인식된 진리의 핵심 요점을 분명히 펼쳐 보여주는 것이 좋다고 생각한다. 후속 세대는 그들만의 또 다른 요점이 있다는 것을 제시할 수 있을 것이다. 이것이야 말로 우리가 무언가를 배워가는 과정에 다름 아니다(19쪽).

리센코라는 과학자 개인에 대한 평가에 대해서는 이론의 여지가 없겠지만, 아마도 일부 후속 세대 연구자들은 저자의 결론보다는 더 긍정적인 방향으로 리센코주의와 사회주의 과학을 재해석하려 할 것이다. 혹은 그레이엄이 포착하지 못한 새로운 논점을 중심으로 자못 새롭게 '지구적 리센코 현상'을 분석할지도 모르겠다. 그리고 그들은 그 과정에서 그레이엄의 시좌와 자신들의 시좌가 상대적으로 어떻게 다른지 의식적으로 구별하려 할 것이다. 저자는 아마도 이러한 후학들의 '구별 짓기'를 괘씸하게 여기지 않을 것 같다. 이 모든 것이 "우리가 무언가를 배워가는 과정"의 일부일 것이므로.

| 5. 과학사의 전문성: '정확성'과 '용례'에 대한 재고

끝으로 나는 독자들이 이 책을 통해 과학자scientist의 전문성과 과학사학자historian of science의 전문성이 어떻게 다른지 직관적으로 이해할 수 있을 것으로 기대한다. 이는 저자가 본문에서 몇 차례 지적한 바 있는 '정확성'과 '용례'에 대한 부분과 관련이 있다. 우리는 과학자가 자신이 전공하는 전문 지식에 대해서는 그 누구보다 정확한 이해를 가지고 있다고 충분히 상정해 볼 수 있다. 그러나 과학자들이 때때로 과학적 지식의 역사성historicity에 대해서는 그다지 전문적이고 정확한 판단을 내리지 못하는 경우가 있음을 본문에서 여러 차례 살펴보았다. 바로 이 지점에서 과학사학자의 전문성이 빛을 발한다. 일류 과학자들이라 할 수 있는 이디스 허드, 로버트 마틴슨, 레프 지보토프스키 등은 과학사학자인 저자에 비해 리센코 이론의 역사적 의의에 대해 덜 정확한 결론을 내렸다고 볼 수 있을 것이다. 저자는 '용례'의 관성이 역사적 '정확성'을 압도하며 후자가 전자를 쉽게 바꿀 수 없다고 생각한다. 그럼에도 과학사학자들은 본인들이 파악한 더 정확한 '용례'를 기록으로 남길 수 있다. 또한 특정한 '용례'가 구체적인 시간적·공간적 조건 속에서 사회적으로 지나치게 부정적인 함의를 갖는다고 판단될 경우, 과학사학자들은 자신들의 장기인 '정확성'을 앞세워 그러한 '용례'를 재고revisit하기를 촉구하고, 또 그것이 역사적 구체성을 초월하여unhistorically 언제나 보편적이고 당연한 것은 아니라는denaturalize 목소리를 낼 수 있을 것이다.

책을 번역하는 과정에서 도움을 준 분들께 심심한 감사의 말을 전하고 싶다. 번역의 과정에서 저자 로렌 그레이엄 선생님께서는 지엽적인 질문들을 귀찮게 여기지 않으시고 세심하게 답변해 주셨다. 또한 박사학위논문 지도교수 위원회의 위원인 빅터 샤우Victor Seow, 재닛 브라운, 가브리엘라 소토 라비아가Gabriela Soto Laveaga, 워릭 앤더슨Warwick Anderson 선생님께서는 내가 이 책을 번역하고 싶다는 뜻을 밝혔을 때 적극적으로 지지해 주었고, 언젠가 당신들의 연구서도 나를 매개로 한국 독자들과 만날 수 있게 되기를 희망한다고 이야기해 주었다. 또한 박상수 선생님, 염운옥 선생님, 김태호 선생님, 김동혁 선생님, 홍지수 선생님께서는 번역 작업을 응원해 주심은 물론, 원고의 일부 혹은 전부를 검토해 주신 후 많은 오류를 지적해 주시고 귀중한 의견을 남겨 주셨다. 이 책이 번역될 가치가 있다고 판단해 주신 동아시아 출판사의 한성봉 대표님과 하명성 편집자의 안목과 도움이 없었다면, 틀림없이 이 책은 세상의 빛을 보지 못했을 것이다. 마지막으로, 나를 가장 가까이서 살펴주시는 아버지 이규태, 어머니 양현혜, 아내 김예원, 그리고 강아지 동생들 그린이와 다솜이에게 사랑을 담아 이 책을 드리고 싶다.

2021년 10월

이종식

주

| 서론

1) Michael Gordin, "How Lysenkoism Became Pseudoscience: Dobzhansky to Velikovsky," Journal of the History of Biology 45, no. 3 (2012): 443 - 468.

2) 예를 들어, Nessa Carey, The Epigenetics Revolution: How Modern Biology Is Rewriting Our Understanding of Genetics, Disease, and Inheritance (London: ICON, 2012).

3) 예를 들어 Edith Heard and Robert A. I. Martienssen, "Transgenerational Epigenetic Inheritance: Myths and Mechanisms," Cell 157 (March 27, 2014): 95 - 109. 95쪽에서 그들이 "포유류의 경우, 초세대적(transgenerational) 유전이 후성유전적 토대를 갖는다는 증거가 전체적으로 부족한 편"이라고 언급한 것을 주목하라. 또한 106쪽의 다음과 같은 추가적인 결론에 주목하라. "심지어 식물에서도 환경에 의해 유도된 후성유전적 변화가 초세대적으로 적응(adaptive)되기는커녕 유전되는 경우도 극히 드물다. 따라서 초세대적 유전이 인간의 건강에 대해 갖는 잠재적 함의에 많은 이목이 집중되었지만, 아직까지 확실한 근거는 거의 없다."

4) David Joravsky, The Lysenko Affair (Cambridge, MA: Harvard University Press, 1970); Loren R. Graham, "Genetics," in Science and Philosophy in the Soviet Union (New York: Knopf, 1972), 195 - 256; Zhores Medvedev, The Rise and Fall of T. D. Lysenko (New York: Columbia University Press, 1965); Valery N. Soyfer, Lysenko and the Tragedy of Soviet Science (New Brunswick, NJ: Rutgers University Press, 1994); Nikolai Krementsov, Stalinist Science (Princeton, NJ: Prince ton University Press, 1997); Dominique Lecourt, Proletarian Science? The Case of Lysenko (Atlantic Highlands, NJ: Humanities Press, 1977); Nils Roll- Hansen, The Lysenko Effect: The Politics of Science (Amherst, NY: Humanity Books, 2005); William deJong-Lambert, The Cold War Politics of Genetic Research: An Introduction to the Lysenko Affair (Dordrecht: Springer, 2012). 초창기의 다소 부실하고 정치화된 관련 문헌으로 다음을 들 수 있다. James Fyfe, Lysenko Is Right (London: Lawrence and Wishart, 1950). 또한 다음을 참고. Nikolai Krementsov, "Marxism, Darwinism and Genetics in the Soviet Union," in Biology and Ideology: From Descartes to Dawkins, ed. Denis R. Alexander and Ron-

ald L. Numbers (Chicago: University of Chicago Press, 2010), 215 - 246; and Nikolai Krementsov, International Science between the World Wars: The Case of Genetics (London: Routledge, 2005).

| 1장 시베리아의 다정한 여우들

1) 이 장의 논의 일부는 나의 책 『모스크바 이야기(Moscow Stories)』(Bloomington: Indiana University Press, 2006)와 조사위원으로서 벨랴예프의 농장에 참여해 1986년 NOVA 과학 프로그램을 조사했던 나의 활동에 기반하고 있다.

2) V. Bartel', "90- letiiu akademika D. K. Beliaeva posviashchaetsia," Nauka v Sibiri 34 (September 6, 2007): 8 - 9.

3) Paul R. Josephson, New Atlantis Revisited: Akademgorodok, the Siberian City of Science (Princeton, NJ: Prince ton University Press, 1997).

4) 이 생물학자들 중 한 명은 니콜라이 보론초프(Nikolai Vorontsov)였다. 그는 훗날 환경부장관으로 일하게 되는데, 이는 소련 역사에서 유일하게 비공산당원이 내각에 참여한 사례가 되었다. 그는 훗날 농담 삼아 자신의 야심이 자신을 최초의 공산당 중앙위원회 비위원(nonmember)으로 영전하게 만들었다고 말했다.

5) Alexei V. Kouprianov, "The 'Soviet Creative Darwinism' (1930s - 950s): From the Selective Reading of Darwin's Works to the Transmutation of Species," Studies in the History of Biology 3, no. 2 (2011): 8 - 31.

6) T. D. Lysenko, ed., I. V. Michurin: Sochineniia v chetyrek tomakh, vols. 1 - 4 (Moscow: Gosizdat, 1948)을 보라

7) Richard C. Francis, Domesticated: Evolution in a Man-Made World (New York: W. W. Norton, 2015).

8) 여우 농장 실험은 다음 기사에도 수록되었다. National Geographic: Evan Ratliff, "Taming the Wild," National Geographic (March 2011), http://ngm.nationalgeog-wild-animals/ratliff-text.

9) I. C. G. Weaver et al., "Epigenetic Programming by Maternal Behavior," Nature Neuroscience 7, no. 8 (August 2004): 847 - 854.

10) F. A. Champagne et al., "Maternal Care Associated with Methylation of the Estrogen Receptor—Alpha 1b Promoter and Estrogen Receptor—Alpha Expression in the Medial Preoptic Area of Female Offspring," Endocrinology 147 (June 2006): 2909 - 2915.

11) 에바 야블론카를 만나게 해준 에버렛 멘델손(Everett Mendelsohn)에게 감사를 표한다. 야블론카는 그의 노보시비르스크 방문 경험을 나에게 들려주었다. 야블론카는 마리온 램과 합

께 그곳에서 「진화 과정에서 유전적 변화의 매개로서 후성유전적 유전」이라는 논문을 발표
했다. 또한 다음을 참고. Eva Jablonka and Marion J. Lamb, Epigenetic Inheritance and
Evolution: The Lamarckian Dimension (Oxford: Oxford University Press, 1995).

12) Bartel', "90- letiiu Akademika D. K. Beliaeva posviashchaetsia," 8 - 9.

13) Julia Lindberg et al., "Selection for Tameness Has Changed Brain Gene Expression in
Silver Foxes," Current Biology 15, no. 22 (2005): R915 - 916.

| 2장 획득 형질의 유전

1) Conway Zirkle, "The Early History of the Idea of the Inheritance of Acquired Characters
and of Pangenesis," Transactions of the American Philosophical Society, n.s., 35, pt.
2 (1946): 91.

2) 다음을 보라. Jessica Wang, American Scientists in an Age of Anxiety: Scientists, An-
ticommunism, and the Cold War (Chapel Hill: University of North Carolina Press,
1999).

3) M. D. Golubovsky, Vek genetiki: Evoliutsiia idei i poniatii (St. Petersburg, Russia: Borei
Art, 2000), 167.

4) G. L. Stebbins, Darwin to DNA, Molecules to Humanity (San Francisco: Freeman,
1982), 76.

5) New World Encyclopedia, http://www.newworldencyclopedia.com.

6) Scott Kennedy, "Multigenerational Epigenetic Inheritance" (lecture, Harvard Medical
School, Boston, MA, December 4, 2013). 나를 이 강연에 초대해 준 펠턴 얼스(Felton
Earls) 박사에게 감사를 표한다.

7) Zirkle, "The Early History of the Idea of the Inheritance of Acquired Characteristics and
of Pangenesis," 91.

8) 다음을 보라. Richard W. Burkhardt Jr., The Spirit of System: Lamarck and Evolutionary
Biology (Cambridge, MA: Harvard University Press, 1977).

9) 다음을 보라. Stephen J. Gould, The Structure of Evolutionary Theory (Cambridge, MA:
Belknap Press of Harvard University Press, 2002), 170 - 174.

10) 다음을 보라. Frederick B. Churchill, August Weismann: Development, Heredity, and
Evolution (Cambridge, MA: Harvard University Press, 2015).

11) R. G. Winther, "August Weismann on Germ-Plasm Variation," Journal of the History
of Biology 34 (2001): 530, 550.

12) 다음을 참조. P. Chalmers Mitchell, "The Spencer-Weismann Controversy," Nature 49

(February 15, 1894): 373 - 374.

13) Karl Frantsevich Rul'e, "Obshchaia zoologiia," in Izbrannye biologicheskie proizvedeni-
ia (Moscow: Izdatel'stvo AN SSSR, 1954), 127 - 28.

14) L. I. Blacher, The Problem of the Inheritance of Acquired Characters (New Delhi: Am-
erind, 1983), 102 - 109.

15) 다음을 보라. Daniel Todes, Ivan Pavlov: A Russian Life in Science (New York: Oxford
University Press, 2014), 450 - 463.

16) Ibid., 451.

17) 여기서 나는 '조건적(conditional)'과 '조건화된(conditioned)'을 신중히 구별하여 번역해야
한다는 대니얼 토드스(Daniel Todes)의 제안을 따른다.

18) Todes, Ivan Pavlov, 457.

19) T. H. Morgan, "Are Acquired Characters Inherited?," Yale Review, July 1924, 712 -
729, cited in Todes, Ivan Pavlov, 460.

| 3장 생물학계의 이단아 파울 캄머러

1) 다음 문헌에서 인용. Arthur Koestler, The Case of the Midwife Toad: A Scientific Mystery
Revisited (New York: Random House, 1971), 63.

2) Ibid., 91.

3) D. K. Noble, "Kammerer's Alytes," Nature 18 (August 7, 1923): 208 - 210.

4) Koestler, Case of the Midwife Toad.

5) 『데어 쉬탄다트(Der Standard)』의 과학 편집자인 클라우스 타슈버(Klaus Taschwer)가 이 주
제에 대해 연구하고 있다. 그의 다음 글을 참조. "The Toad Kisser and the Bear's Lair:
The Case of Paul Kammerer's Midwife Toad Revisited," Max-Planck-Institut fur
Wissenschaftsgeschichte, on the institute website, 4.2011—6.2012, https://www.mpi-
wg-berlin.

6) Elizabeth Pennisi, "The Case of the Midwife Toad: Fraud or Epigenetics?", Science 325
(September 4, 2009): 1194 - 1195.

7) Ibid., 1195.

8) Gunter P. Wagner, "Paul Kammerer's Midwife Toads: About the Reliability of Exper-
iments and Our Ability to Make Sense of Them," Journal of Experimental Zoology
312B (2009): 665 - 666. 또한 다음을 참조. Gerald Weissmann, "The Midwife Toad
and Alma Mahler: Epigenetics or a Matter of Deception?," FASEB Journal 24 (August
2010): 2591 - 2595. 바이스만은 캄머러가 사기꾼이라고 생각했다.

9) Paul Kammerer, The Inheritance of Acquired Characteristics (New York: Boni and Liveright, 1924), 31.

10) Ibid., 263.

11) 물론 일부 학자들이 좌파 다윈주의에 대해 연구한 바 있다. Piers J. Hale, Political Descent: Malthus, Mutualism, and the Politics of Evolution in Victorian England (Chicago: University of Chicago Press, 2014). 또한 다음을 참조. Diane Paul, "Eugenics and the Left," Journal of the History of Ideas, no. 4 (1984): 567 – 585. 본서와 보다 연관성이 높은 다음 책을 보라. M. Meloni, Political Biology: Social Implications of Human Heredity from Eugenics to Epigenetics (London: Palgrave, 2016).

12) "Poor Are Able to Purchase Soft Pillows," in Kammerer, Inheritance of Acquired Characteristics, 269 – 270; "White 'Caucasians' Who Live Long Enough," in ibid., 279; "Certain Physical and Psychical Traits," in ibid., 274.

13) 대니얼 토드스가 2014년 5월 7일 저자에게 보낸 이메일. 일부 사람들은 이반 파블로프가 캄머러를 러시아로 초청하는 데에 일정한 역할을 했을 것이라 추측했다. 파블로프는 획득 형질의 유전에 관심이 있었지만, 그가 캄머러를 적극적으로 지지했다는 증거는 존재하지 않는다. 이 정보를 제공해 준 파블로프의 전기 작가 대니얼 토드스에게 감사를 표한다. 캄머러의 러시아행에 대해서는 다음을 참조. Margarete Vohringer, "Behavioural Research, the Museum Darwinianum and Evolutionism in Early Soviet Russia," History and Philosophy of the Life Sciences 31 (2009): 279 – 294; and P. Kammerer, "Das Darwinmuseum zu Moskau," Monistische Monatshefte 11 (1926): 377 – 382.

14) 다음을 참조. mosintour.ru/paul_kammerer.

15) Anatoli Lunacharskii, Lunacharskii o kino: Stat'i, vyskazyvaniia, stsenarii, dokumenty (Moscow: Izdatel'stvo iskusstvo, 1965), 151 – 55.

16) Ibid., 151.

17) Ibid., 152.

18) Anatoli Lunacharskii, Lunacharskii o kino (Moscow: Izdatel'stvo iskusstvo, 1965), 4, http://www.plantphysiol.org/content/138/4/2364.full.

19) Ibid., 5.

20) Koestler, Case of the Midwife Toad, 94.

21) 다음을 보라. Denise J. Youngblood, "Entertainment or Enlightenment? Popular Cinema in Soviet Society, 1921 – 1931," in New Directions in Soviet History, ed. Stephen White (Cambridge: Cambridge University Press, 2002), 41 – 50.

22) Lunacharskii, Lunacharskii o kino, 153.

23) Jump Cut: A Review of Contemporary Media 26 (December 1981): 39-41.

24) F. Lenz, "Der Fall Kammerer und seine Umfi lmung durch Lunatscharsky," Archiv fur Rassen—und Gesellschafts—Biologie 21 (1929): 316.

25) 렌츠가 골드슈미트의 책에 쓴 다음 서평을 보라. Goldschmidt's Einfuhrung in die Vererbungswissenschaft, in Archiv fur Rassen—und Gesellschafts—Biologie 21 (1929): 99-102.

26) Koestler, Case of the Midwife Toad, 144.

27) "Kammerer," Meditsinskaia entsiklopediia, in http://medencped.ru/kammerer/.

| **4장 1920년대 러시아 인간 유전 대논쟁**

1) 이 장의 일부 내용은 다음과 같은 나의 연구에 토대를 두고 있다. "Eugenics: Weimar Germany and Soviet Russia," in Between Science and Values (New York: Columbia University Press, 1981).

2) Paul Kammerer, The Inheritance of Acquired Characteristics (New York: Boni and Liveright, 1924), 364.

3) N. K. Kol'tsov, "Improvement of the Human Race," in The Dawn of Human Genetics, ed. V. V. Babkov (Cold Spring Harbor, NY: Cold Spring Harbor Laboratory Press, 2013), 86. 구판은 다음에서 출판. Russkii evgenicheskii zhurnal, no. 1, 1922.

4) Ibid., 70.

5) Ibid., 71.

6) Ibid., 83.

7) V. V. Bunak, "Novye dannye k voprosu o voine, kak biologicheskom faktore," Russkii evgenicheskii zhurnal 1, no. 2 (1923): 231.

8) Kol'tsov, "Improvement of the Human Race," 67.

9) V. V. Bunak, "Materialy dlia sravnitel'noi kharakteristiki sanitarnoi konstitutov evreev," Russkii evgenicheskii zhurnal 2-3 (1924): 142-152.

10) 예를 들어 바우어, 피셔, 렌츠의 교과서를 전반적으로 긍정적으로 평가한 콜초프의 다음 서평을 보라. E. Baur, E. Fischer, and F. Lenz, "Grundriss der menschlichen Erblichkeitslehre und Rassenhygiene," Russkii evgenicheskii zhurnal, no. 2 (1924): 2-3.

11) 우생학 관련 논쟁을 흥미롭게 풀어낸 다음 연구를 보라. Diane B. Paul, The Politics of Heredity: Essays on Eugenics, Biomedicine, and the Nature— Nurture Debate (Albany: State University of New York Press, 1998).

12) "Evgenicheskaia sterilizatsiia v Germanii," Russkii evgenicheskii zhurnal 3, no. 1 (1925).

13) A. S. Serebrovsky, "Anthropoge ne tics and Eugenics in a Socialist Society," in Babkov, Dawn of Human Ge ne tics, 505 – 518.

14) Ibid., 511.

15) Ibid., 513.

16) Ibid., 515.

17) Ibid., 515–516.

18) S. N. Davidenkov, "Our Eugenic Prospects," in Babkov, Dawn of Human Genetics, 48 – 56.

19) "Letter from Muller to Stalin," in Babkov, Dawn of Human Genetics, 643 – 646.

20) Kammerer, Inheritance of Acquired Characteristics, 364.

21) Ibid.

22) A. E. Gaissinovitch, "The Origins of Soviet Genetics and the Struggle with Lamarckism, 1922 – 1929," trans. Mark B. Adams, Journal of the History of Biology 13 (Spring 1980): 15.

23) 1924년 11월 21일에 제출되어 다음과 같이 출판됨. "Evolutsionye teorii v biologii i marksizm," Vestnik sovremennoi meditsiny 9 (1925). 다음의 논의 또한 참조할 것. Gaissinovitch, "Origins of Soviet Genetics," 16.

24) Gaissinovitch, "Origins of Soviet Genetics."

25) 다음 문헌에서 인용. L. A. Blacher, The Problem of the Inheritance of Acquired Characters (New Delhi: Amerind, 1982), 130.

26) M. V. Volotskoi, Fizicheskaia kul'tura s tochki zreniia evgeniki (Moscow: Izdatel'stvo instituta fizicheskoi kul'tury imeni P. F. Lesgafta, 1924), 69.

27) T. H. Morgan and Iu. A. Filipchenko, Nasledstvennye li priobretennye priznaki? (Leningrad: Seiatel', 1925).

28) 다음 문헌에서 인용. N. M. Volotskoi, "Spornye voprosy evgeniki," Vestnik kommunisticheskoi akademii 20 (1927): 225.

29) 필립첸코의 주장의 영향력에 대해서는 다음을 보라. N. M. Volotskoi, "Spornye voprosy evgeniki," Vestnik kommunisticheskoi akademii, no. 20 (1927): 224 – 225.

30) Ibid.

31) Vasilii Slepkov, "Nasledstvennost' i otbor u cheloveka (Po povodu teoreticheskikh predposylok evgeniki)," Pod znamenem marksizma, no. 4 (1925): 102 – 122.

32) Ibid., 116.

33) Friedrich Engels, Selected Works (New York: International Publishers, 1950), 153.

34) 셰릴 로건(Cheryl Logan)은 심지어 캄머러의 복장이 '댄디(dandy)'했다고 묘사했다. Cheryl A. Logan, Hormones, Heredity, and Race: Spectacular Failure in Interwar Vienna (New Brunswick, NJ: Rutgers University Press, 2013), Google eBook, 40.

35) Chicago Sunday Tribune, March 15, 1953, part 1, 18.

| 5장 리센코와의 조우

1) 이 장의 논의의 일부는 나의 책 『모스크바 이야기(Moscow Stories)』(Bloomington: Indiana University Press, 2006)에 기반하고 있다.

2) 트로핌 리센코와 로렌 그레이엄 간의 대화, 모스크바, 1971.

3) 다음을 보라. Peter Pringle, The Murder of Nikolai Vavilov: The Story of Stalin's Persecution of One of the Great Scientists of the Twentieth Century (New York: Simon and Schuster, 2008).

4) Eduard L. Kolchinsky, "Nikolai Vavilov in the Years of Stalin's 'Revolution from Above' (1929-932)" (로렌 그레이엄에게 보내준 미출판 원고, 2014).

5) Ibid., 19.

6) 리센코와 대화를 나눈 직후 나는 서로가 어떤 발언을 했는지 신중하게 기록함. 또한 다음을 참조. T. D. Lysenko, "Iarovizatsiia—eto milliony pudov dobavochnogo urozhaia," Izvestiia, February 15, 1935, 4.

7) 리센코와의 만남 직후 로렌 그레이엄에 의해 기록됨.

8) 내가 조사위원으로 참여했던 NOVA 프로그램의 출국금지자 항목을 볼 것. Martin Smith, "How Good Is Soviet Science?," NOVA, WGBH, 1987.

9) 리센코와의 만남 직후 로렌 그레이엄에 의해 기록됨.

10) Michael Gordin, "Lysenko Unemployed: Soviet Genetics after the Aftermath" (미출판 원고). 현재는 다음과 같이 출판됨. Michael D. Gordin, "Lysenko Unemployed: Soviet Genetics after the Aftermath," Isis 109, no, 1 (March 2018): 56-78. - 옮긴이.

11) 1965년 소련 과학아카데미가 리센코의 젖소 농장을 조사한 결과, 그가 실적이 떨어지는 우유 생산자들을 체계적으로 배제했고 이를 은폐했다는 사실이 밝혀졌다. 이렇게 함으로써 그는 부정한 방식으로 생산 통계를 높게 잡았던 것이다. 다음을 참조. Vestnik akademii nauk, no. 11 (1965): especially 73, 91-92.

12) Valery N. Soyfer, Lysenko and the Tragedy of Soviet Science (New Brunswick, NJ: Rutgers University Press, 1994).

| 6장 리센코의 생물학

1) 이 장의 논의의 일부는 나의 책 『소련의 과학과 철학(Science and Philosophy in the Soviet Union)』(New York: Alfred A. Knopf, 1972)에 기반하고 있다.

2) T. D. Lysenko, Agrobiologiia (Moscow: OGIZ, 1952), 221.

3) 리센코의 저작물 중 가장 중요한 문헌들의 목록에 대해서는 다음을 참조. Loren R. Graham, Science and Philosophy in the Soviet Union (New York: Alfred A. Knopf, 1972), 570 – 571.

4) 다음의 논의를 참조. Jan Sapp, Beyond the Gene: Cytoplasmic Inheritance and the Struggle for Authority in Genetics (Oxford: Oxford University Press, 1987). 특히 25쪽을 보라.

5) T. D. Lysenko, Izbrannye sochineniia, vol. 2 (Moscow: OGIZ, 1958), 48.

6) 이 사례에 대해서는 다음의 탁월한 연구를 참조. P. S. Hudson and R. H. Richens, The New Genetics in the Soviet Union (Cambridge: School of Agriculture, 1946), 39.

7) ibid., 32 – 51.

8) Lysenko, Agrobiologiia, 34 – 35.

9) Nils Roll–Hansen, The Lysenko Effect: The Politics of Science (Amherst, NY: Humanity Books, 2005), 31 – 32.

10) 이러한 선행연구와 관련해서는 다음을 참조. Richard Amasino, "Vernalization, Competence, and the Epigenetic Memory of Winter," Plant Cell 16 (October 2004): 2553 – 2559. 이 논문은 유용한 자료지만, 불행히도 리센코가 향상된 미래 세대 시민들을 창조하고자 했다는 오래된 오해를 반복적으로 제시한다. 정작 리센코는 자신의 이론을 인간에게 적용하려는 모든 시도를 비난했다. 또한 다음을 보라. O. N. Purvis, "The Physiological Analy sis of Vernalization," in Encyclopedia of Plant Physiology, ed. W. H. Ruhland, vol. 16 (Berlin: Springer, 1961), 76 – 117.

11) John Evelyn, "Sylva, Or a Discourse on Forest Trees," Royal Society, October 16, 1662.

12) G. Gassner, "Beitrage zur physiologiischen Charakteristik sommer– und winter–annueller Gewachse, insbesondere der Getreidepfl anzen," Zeitschrift fur Botanik 10: 417 – 480.

13) "Vernalization," McGraw Hill Encyclopedia of Science and Technology, vol. 14 (New York, 1966), 305.

14) 다음 문헌에서의 그의 논의를 참조. Agrobiologiia. 특히 85쪽.

15) 이러한 연구의 사례에 대해서는 다음을 보라. Artem Loukoianov, Liuling Yan, Ann Blechl, Alexandra Sanchez, and Jorge Dubcovsky, "Regulation of VRN–1 Vernalization Genes in Normal and Transgenic Polyploid Wheat," Plant Physiology 138, no. 4

(August 2005): 2364 - 2373.

16) Lysenko, Agrobiologiia, 34.

17) Ibid., 83.

18) Lysenko, Heredity and Its Variability, trans. Th. Dobzhansky (New York: King's Crown Press, 1946). 리센코는 몇 차례 '유전자형', '표현형', '유전자' 등의 용어를 사용한 적이 있다. 그러나 그가 이 개념들을 쓰는 방식을 살펴보면, 정작 당대의 유전학자들에게 이 개념들이 무엇을 의미했는지 잘 이해하지 못했다는 점을 파악할 수 있다. 다음을 보라. Nils Roll-Hansen, The Lysenko Effect, 165 - 167.

19) Lysenko, Heredity and Its Variability.

20) Ibid.

21) Lysenko, Agrobiologiia, 436.

22) A. A. Rukhkian, "Ob opisannom S. K. Karapetianom sluchae porozhdeniia leshchiny grabom," Botanicheskii zhurnal 38, no. 6 (1953): 885 - 891.

23) P. S. Hudson and R. H. Richens, The New Genetics in the Soviet Union (Cambridge: Cambridge University Press, 1946). 같은 도식이 다음 문헌에도 사용됨. T. D. Lysenko, Heredity and Its Variability, trans. Th. Dobzhansky (New York: Columbia University Press, 1946).

24) Lysenko, Heredity and Its Variability, 55 - 65.

25) Ibid., 51.

26) Lysenko, Agrobiology, 85. 리센코는 "원산지 및 환경 조건의 측면에서 부모 개체 간의 차이가 서로 클수록, 잡종 묘목은 더욱 쉽게 새로운 장소와 환경에 적응할 수 있다"라는 미추린의 신념을 인용한 바 있다. 만약 이러한 견해가 인간에게 적용된다면, 그것은 매우 강력하게 인종적 혼합(racial mixing)을 옹호하는 주장이 될 것이다. 그러나 리센코는 어느 문헌에서도 자신의 이론을 인간에게 확장시키지 않았다.

27) Hudson and Richens, New Genetics in the Soviet Union, 48.

28) 접목 잡종화에 대한 최신 연구는 접본과 접지 간에 유전 물질이 교환될 수 있다는 점을 보여준다. 그러나 이러한 교환이 리센코가 제시한 방식으로 일어나는 것은 아니다. 다음 논문의 두 연구자는 2009년에 다음과 같이 결론을 내렸다. "우리 데이터는 접목된 식물들 간의 유전 물질의 교환을 보여주고 있지만, 이것이 곧 '접목 잡종화(graft hybridization)'가 성 잡종화(sexual hybridization)와 유사하다는 리센코주의의 교리를 지지하는 증거라고 볼 수는 없다. 오히려 우리는 접지와 접본 사이의 접촉면(the contact zone)에서만 유전자 전이(gene transfer)가 발생한다는 점을 발견했으며, 이는 곧 변화들이 반드시 접목된 부위에서의 측지(側枝) 형성(lateral shoot formation)을 통해서만 유전될 수 있게 된다는 점을 보여준다. 그러나 접붙이기에 의해 유전적 변화가 야기되었다는 증거가 몇 차례 보고된 바 있으

며, 본 연구결과에 비추어 볼 때, 향후 상세한 분자 단위의 연구가 추가로 필요하다고 생각
된다." 다음을 참조. Sandra Stegemann and Ralph Bock, "Exchange of Genetic Material
between Cells in Plant Tissue Grafts," Science 324, no. 5927 (May 1, 2009): 649–651.

29) T. D. Lysenko, Izbrannye sochineniia, vol. 2 (Moscow: Sel'khozgiz, 1958), 48.

30) Hudson and Richens, New Genetics in the Soviet Union, 42–43.

31) 그 예로 존 랭던 데이비스(John Langdon-Davies)를 들 수 있다. 그는 "소련의 계획입안
자들에 의해 통제되는 환경의 변화가 인간의 본성을 영구적으로 개선할 수 있을 것이라는
기대" 때문에 논란이 발생했다고 썼다. 다음을 보라. Langdon-Davies, Russia Puts the
Clock Back: A Study of Soviet Science and Some British Scientists (London: Gollancz,
1949), 58–59.

32) 이러한 논리는 양날의 검이었다. 만약 획득 형질의 유전을 수용한다면, 논리적으로 '새로운
인간'을 만들 수 있는 가능성이 높아지는 것처럼 보인다. 하지만 같은 주장이 인종주의적 입
장이나 심지어 귀족 계층의 우월함에 대한 믿음으로 귀결되는 것 또한 가능하다. 줄리안 헉
슬리(Julian Huxley)가 말했듯, "획득 형질이 곧바로 유전적 구성에 각인되지 않는다는 사
실은 인간 종에게 있어서 다행스러운 일이다. 만약 그랬다면 인류의 대다수가 수천 년 동
안 흙먼지, 질병, 영양실조 등의 조건 속에서 살아왔음을 감안할 때, 이러한 조건들이 인류
에 재앙적인 영향을 미쳤을 테니 말이다." Huxley, Heredity East and West (Lysenko and
World Science) (New York: H. Schuman, 1949), 138. 물론 획득 형질이 유전된다고 가
정했을 때 그것이 인간에 어떠한 영향을 미치는가에 대한 충실한 논의는 반드시 시간이라는
변수를 포함해야 한다. 하나의 새로운 형질이 유전적으로 고착되기까지 얼마나 많은 세대가
지나야 하는지, 혹은 새로운 조건에서 그러한 형질이 제거되는 데 몇 세대나 소요되는지 등
이 고려되어야 한다.

33) Pravda, December 14, 1958.

34) L. C. Dunn, A Short History of Genetics (New York: McGraw-Hill, 1965), x.

35) 다윈은 자연선택과 획득 형질의 유전 모두 타당하다고 보았으므로, 신멘델주의자도 미추린
주의자도 스스로를 다윈주의자라고 부를 수 있었다.

36) Lysenko, Agrobiologiia, 221.

| 7장 후성유전학

1) Nessa Carey, The Epigenetics Revolution: How Modern Biology Is Rewriting Our Un-
derstanding of Genetics, Disease, and Inheritance (London: ICON, 2012), 312.

2) Emma Young, "Rewriting Darwin: The New Non-Genetic Inheritance," New Scientist,
July 9, 2008, 28–33.

3) Richard Dawkins, The Selfish Gene (New York: Oxford University Press, 1976). 도킨스는 후성유전학의 등장 이후 많은 비판을 받고 있다. 역으로 도킨스도 후성유전학에 대해 대단히 회의적이다. 그는 2011년 8월 21일에 "나는 후성유전학 열풍에 진심으로 진절머리가 난다"라고 적었다. 다음 리처드 도킨스 재단 홈페이지를 참조. https://richarddawkins.net.

4) Joshua Lederberg, "Cell Genetics and Hereditary Symbiosis," Physiological Review 32, no. 4 (1952): 403-430.

5) Barbara McClintock, "The Origin and Behavior of Mutable Loci in Maize," Proceedings of the National Academy of Sciences of the United States of America 36, no. 6 (1950): 344-355; "Introduction of Instability at Selected Loci in Maize," Genetics 38, no. 6 (1953): 579-599; "Some Parallels between Gene Control Systems in Maize and in Bacteria," American Naturalist 95 (September-October 1961): 265-277. 또한 다음을 참조. Evelyn Fox Keller, A Feeling for the Organism: The Life and Work of Barbara McClintock (San Francisco: W. H. Freeman, 1983); and Nathaniel C. Comfort, The Tangled Field: Barbara McClintock's Search for the Patterns of Genetic Control (Cambridge, MA: Harvard University Press, 2001).

6) D. Nanney, "Epigenetic Control Systems," Proceedings of the National Academy of Sciences 44 (1958): 712-717.

7) 다음을 보라. Francois Jacob and Jacques Monod, "Genetic Regulatory Mechanisms in the Synthesis of Proteins," Journal of Molecular Biology, no. 3 (1961): 318-356.

8) Otto E. Landman, "The Inheritance of Acquired Characteristics," Annual Review of Genetics 25 (December 1991): 1-20.

9) J. Sapp, Beyond the Gene: Cytoplasmic Inheritance and the Struggle for Authority in Genetics (New York: Oxford University Press, 1987); Landman, "Inheritance of Acquired Characteristics," 1-20.

10) 현대적 의미의 '후성유전학'이라는 용어는 와딩턴(C. H. Waddington)에 의해 1942년에 처음 만들어졌다. 그러나 그 정의를 두고 약간의 논란이 남아 있다. 그 좁은 정의는 "유전자형의 서열 변화로부터 기인하지 않는 표현형상의 유전 가능한 변화들"이다. 이 책에서는 이러한 정의를 따랐다. 그러나 "유전자, 배아 발달, 환경 사이의 상호작용의 다양한 효과들"이라는 더 넓은 정의도 존재한다. 이러한 정의에 입각하여 수많은 선행연구가 축적되고 있다. 다음을 참조. Daniel E. Lieberman, "Epigenetic Integration, Complexity, and Evolvability of the Head," in Epigenetics: Linking Genotype and Phenotype in Development and Evolution, ed. Benedikt Hallgrimsson and Brian K. Hall (Berkeley: University of California Press, 2011), 271-289.

11) R. B. Khesin, Nepostoianstvo genoma (Moscow: Nauka, 1984). 이 저작의 중요성에 대

해서는 다음을 보라. M. D. Golubovsky, "Genome Inconstancy by Roman B. Khesin in Terms of the Conceptual History of Genetics," Molecular Biology 36, no. 2 (2002): 259–266. 저자가 유전학과 후성유전학을 공부하는 과정에서 골루보프스키(Golubovsky)의 연구가 매우 도움이 되었다. 다음과 같은 그의 저작들을 보라. Vek genetiki: Evoliutsiia idei i poniatii (St. Petersburg: Borey Art, 2000); "Stanovlenie genetiki cheloveka," Priroda, no. 10 (2012): 53–63; "The Unity of the Whole and Freedom of Parts: Facultativeness Principle in the Hereditary System," Vavilovskii zhurnal genetiki i selektsii 15, no. 2 (2011): 423–431. 또한 케네스 맨튼(Kenneth G. Manton)과 공저한 다음의 글을 참조. "Three-Generation Approach in Biodemography Is Based on the Developmental Profiles and the Epigenetics of Female Gametes," Frontiers in Bioscience 10 (January 1, 2005): 187–191.

12) Edith Heard and Robert A. I. Martienssen, "Transgenerational Epigenetic Inheritance: Myths and Mechanisms," Cell 157 (March 27, 2014): 103.

13) Ibid., 95.

14) "Der Sieg uber die Gene," Der Spiegel 32, August 9, 2010.

15) Martha Susiarjo and Marisa S. Bartolomei, "You Are What You Eat, But What about Your DNA? Parental Nutrition Influences the Health of Subsequent Generations through Epigenetic Changes in Germ Cells," Science 345 (August 15, 2014): 9–10.

16) Frances A. Champagne and Michael J. Meaney, "Transgenerational Effects of Social Environment on Variations in Maternal Care and Behavioral Response to Novelty," Behavioral Neuroscience 121, no. 6 (2007): 1353–1363.

17) 다음 문헌에서의 논의를 참조. Lizzie Buchen, "Neuroscience: In Their Nurture," Nature 467 (September 8, 2010): 146–148. http://www.nature.com/news/2010/100908/full/467146a.html.

18) Michael J. Meaney et al., "Epigenetic Programming by Maternal Behavior," Nature Neuroscience 7 (2004): 847–859.

19) Dan Hurley, "Grandma's Experiences Leave a Mark on Your Genes," Discover Magazine, May 2013.

20) D. D. Francis et al., "Maternal Care, Gene Expression, and the Development of Individual Differences in Stress Reactivity," Annals of New York Academy of Science 896 (1999): 66–84; M. Szyf et al., "Maternal Programming of Steroid Receptor Expression and Phenotype through DNA Methylation in the Rat," Frontiers in Neuroendocrinology 26, nos. 3–4 (October–December 2005): 139–162.

21) P. O. McGowan et al., "Epigenetic Regulation of the Glucocorticoid Receptor in Hu-

man Brain Associates with Child Abuse," Nature Neuroscience 12 (2009): 342-348.

22) Buchen, "Neuroscience: In Their Nurture"; S. G. Gregory et al., "Genomic and Epigenetic Evidence for Oxytocin Receptor Deficiency in Autism," BMC Medicine 7, no. 62 (2009).

23) 예를 들어 다음을 보라. Marija Kundakovic and Frances A. Champagne, "Early-Life Experience, Epige ne tics, and the Developing Brain," Neuropsychopharmacology, July 30, 2014, http://www.ncbi.nih.gov/pubmed/24917200.

24) Richard C. Francis, Epigenetics: How Environment Shapes Our Genes (New York: W. W. Norton, 2011), 1-5; Carey, Epigenetics Revolution, 101-104.

25) L. H. Lumey et al., "Cohort Profile: The Dutch Hunger Winter Families Study," International Journal of Epidemiology 36, no. 6 (2007): 1194-1204. 또한 다음을 참조. Chris Bell, "Epigenetics: How to Alter Your Genes," Telegraph, October 16, 2013.

26) Francis, Epigenetics: How Environment Shapes Our Genes, 1; Carey, Epigenetics Revolution, 101-104.

| 8장 리센코주의의 부활

1) Biomolekula, an online Russian biology newsletter, Biomolecula.ru/content/1377.

2) Leonid Korochkin, "Neo-Lysenkoism in Russian Consciousness," http://www.lghtz.ru/archives/lg092002/Tetrad/art111.htm.

3) I. A. Zakharov-Gezekhus, "Eksgumatsiia lysenkovshchiny," http://www.plantgen.com/ru/ genetika/storiye-genetiki/179-ekzgumacaiya-lysenkovshhiny.html, 31.01.2011.

4) Maksim Kalashnikov, http://m-kalashnikov.livejournal.com/1510946.html.

5) http://contrtv.ru.

6) http://zavtra.ru/content/ archiv.

7) http://colonelcassad.livejournal.com.

8) http://biblioteka-dzvon.narod.ru/.

9) Kirill V. Zhivotovsky, http://kvzh.livejournal.com.

10) 예를 들어 다음의 모스크바대학교 교우회 관련 논의를 보라. www.moscowuniversityclub.ru. 또한 다음의 노보시비르스크대학교 포럼을 보라. http://forum.ngs.ru. 다음 안드레이 쿠라에프(Andrei Kuraev)의 포럼을 참조. http://kuraev.ru/smf/index.php?topic=288407.0. 그리고 다음 포럼을 참조. S. Kara-Murza, "Vetka: Otkrytiia Lysenko Podtverzhdeny,"

240

vif2ne.ru:2009/nvz/forum/arhprint/305542.

11) 다음을 참조. N. V. Ochinnikov et al., Trofim Denisovich Lysenko: Sovetskii agronom, biolog, selektsioner (Moscow: Samoobrazovanie, 2008), 31.

12) 예를 들어, 다음을 참조. I. Knuniants and L. Zubkov, "Shkoly v nauke," Literaturnaia gazeta, January 11, 1955, 1.

13) L. Korochkin, "Vo vlasti nevezhestva, Neolysenkovshchina v rossiiskom soznanii," Literaturnaia gazeta, March 6, 2002.

14) Mikhail Anokhin, "Akademik Lysenko i bednaia ovechka Dolli," Literaturnaia gazeta, March 18, 2009, 12.

15) Ibid.

16) 다음을 보라. "Diskussiia v 'LG,'" http://lysenkoism.narod.ru/lgz-dv-gubarev.htm.

17) "Dva otklika na vystuplenie professor Anokhina," Literaturnaia gazeta, no. 23, June 3, 2009.

18) Mikhail Anokhin, "Nakormivshie lozh'iu," Literaturnaia gazeta, no. 5, 2015, 10.

19) Vladimir Gubarev, "D'iavol iz proshlogo," Delovoi vtornik, April 13, 2009.

20) "Lysenko v ovech'ei shkure," Novaia gazeta, no. 33, April 1, 2009.

21) Ibid.

22) Iurii Mukhin, Prodazhnaia devka Genetika (Moscow: Izdatel'stvo Bystrov, 2006).

23) Ibid., 47.

24) Ibid., 124.

25) Ibid., 77, 85, 169.

26) Ibid., 72-73

27) Eduard L. Kolchinsky, "Current Attempts at Exoneration of 'Lysenkoism' and Their Causes" (unpublished paper), 4-6. 이 주제에 관한 콜친스키의 도움에 감사를 표한다.

28) Ibid., 6.

29) Mukhin, Prodazhnaia devka Genetika, 44.

30) Ibid., 161.

31) Ibid., 42, 44.

32) Ibid., 108, 153, 154.

33) 다음을 보라. Mukhin, "Rubbish," in Prodazhnaia devka Genetika, 119; Mukhin, "Obscurantism," in Prodazhnaia devka Genetika, 137; Mukhin, "Pride of Stupid Idiots," in

Prodazhnaia devka Genetika, 146, 151.

34) Iurii Mukhin, "Ofitsial'noe priznanie zaslug T. D. Lysenko,"
http://www.ymuhin.ru/node/1048.

35) 학술지의 임팩트 팩터는 학술지에 실린 논문들에 대한 평균 인용 지수를 의미한다.

36) Edith Heard and Robert A. Martienssen, "Transgenerational Epigenetic Inheritance:
Myths and Mechanisms," Cell 157 (March 27, 2014): 95 - 109.

37) Ibid., 95.

38) http://www.ymuhin.ru/node/1048.

39) "Trofim—ty prav!," Zavtra, April 1, 2014.

40) V. I. Pyzhenkov, Nikolai Ivanovich Vavilov—Botanik, akademik, grazhdanin mira
(Moscow: Samoobrazovanie, 2009).

41) Ibid. 특히 109-128쪽.

42) Yevgeniia Albats, "Genius and the Villains," Moscow News 50 (December 13, 1987),
10.

43) S. Mironin, "Trofim Denisovich Lysenko," Istoriia i sovremennost', January 11, 2013,
http://mordikov.fatal.ru/lisenko.html.

44) Sigizmund Mironin, Delo genetikov (Moscow: Algoritm, 2008), 189 - 190.

45) P. F. Kononkov, Dva mira—dve ideologii: O polozhenii v biologicheskikh I sel'skok-
hoziaistvennykh naukakh v Rossii v sovetskii i postsovetskii period (Moscow: Luch,
2014).

46) Eduard Kolchinsky, 저자(와 다른 사람들)에게 보낸 2015년 11월 21일 자 이메일.

47) Lev Zhivotovskii, Neizvestnyi Lysenko (Moscow: T—vo nauchnykh izdanii KMK, 2014),
47.

48) A. E. Murneek et al., eds., Vernalization and Photoperiodism: A Symposium (Waltham,
MA: Chronica Botanica, 1948).

49) Ibid., 27.

50) Ibid., 37.

51) A. I. Shatalkin, Reliatsionnye kontseptsii nasledstvennosti i bor'ba vokrug nikh v XX
stoletii (Moscow: T—vo nauchnykh izdanii KNK, 2015).

52) Ibid., 401.

9장 신리센코주의의 충격

1) V. S. Baranov, 로렌 그레이엄과의 2014년 6월 10일 인터뷰.

2) M. D. Golubovsky, "Nekanonicheskie nasledstvennye izmeneniia," Priroda, no. 9 (2011): 9.

3) "To the 70th Anniversary of S. G. Inge-Vechtomov," Russian Journal of Genetics 45 (July 2009): 881 – 883. 나는 잉게-베츠토모프와 개인적인 친분이 있으며, 몇 차례 그를 인터뷰했다.

4) 예를 들어 다음을 보라. Tessa Roseboom, Susanne de Rooij, and Rebecca Painter, "The Dutch Famine and Its Long-Term Consequences for Adult Health," Early Human Development 82 (2006): 485 – 491.

5) 다음 문헌에서 인용. David Epstein, "How an 1836 Famine Altered the Genes of Children Born Decades Later," http://io9.com/how-an-1836famine-altered-the-genes-of-children-born-d-1200001177. 또한 그의 다음 저서를 참조. The Sports Gene: Inside the Science of Extraordinary Athletic Performance (New York: Current, 2013).

6) Lars Olov Bygren, Gunnar Kaati, and Soren Edvinsson, "Longevity Determined by Paternal Ancestors' Nutrition during Their Slow Growth Period," Acta Biotheretica 49 (2001): 53 – 59; Marcus E. Pembrey et al., "Sex-Specific Male-Line Transgenerational Responses in Humans," European Journal of Human Genetics 14 (2006): 159 – 166.

7) Lidiia P. Khoroshinina, "Osobennosti somaticheskoi patologii u liudei starshikh vozrastnykh grupp, perezhivshikh v detstve blokadu Leningrada" (PhD diss., St. Petersburg Medical Academy, 2002). 또한 다음을 보라. John Barber and Andrei Dzeniskovich, Life and Death in Besieged Leningrad (London: Palgrave Macmillan, 2005).

8) V. Bartel', "90- letiiu Akademika D. K. Beliaeva posviashchaetsia," Nauka v Sibiri, no. 34 (September 6, 2007).

9) 다음을 참조. Arkady L. Merkel and Lyudmila N. Trut, "Behavior, Stress, and Evolution in Light of the Novosibirsk Selection Experiment," in Transformations of Lamarckism, ed. Snait B. Gissis and Eva Jablonka (Cambridge, MA: MIT Press, 2011), 171 – 180.

10) 이 일련의 사건과 주제에 대해 설명해 주고 도움을 준 에바 야블론카와 마리온 램에게 감사한다. Eva Jablonka, 2014년 1월 31일에 저자에게 보낸 이메일.

11) S. Iu. Vert'yanov, "Great Damage," Obshchaia Biologiia (2012): 198.

12) N. V. Ovchinnikov, Akademik Trofim Denisovich Lysenko (Moscow: Luch, 2010), 85 – 87.

13) N. V. Ovchinnikov, Arkhiv RAN, f. 1521, op. 1, no. 281, 87.

14) P. F. Kononkov, Dva mira—dve ideologii. O polozhenii v biologicheskikh I sel'skok-hoziaistvennykh naukakh v Rossii v sovetskiii i postsovetskii period (Moscow: Luch, 2014); N. V. Ovchinnikov et al., Trofim Denisovich Lysenko—Sovetskii agronom, biolog, selektsioner (Moscow: Samoobrazovanie, 2008).

15) William R. Rice, Urban Friberg, and Sergey Gavrilets, "Homo sexuality as a Consequence of Epigenetically Canalized Sexual Development," Quarterly Review of Biology 87 (December 2012): 343 - 368.

16) CNN, December 12, 2012; Science, December 11, 2012; RIA Novosti, December 12, 2012; Komsomolskaia Pravda, December 12, 2012.

17) Rice, Freiberg, and Gavrilets, "Homosexuality," 358.

18) Brian G. Dias and Kerry J. Ressler, "Parental Olfactory Experience Influences Behavior and Neural Structure in Subsequent Generations," Nature Neuroscience 17 (2014): 89 - 96; http://www.nature.com/neuro/journal/v17ul/full/nn.3594.html.

19) Vladimir Kozlov, "Strakh peredaetsia po nasledstvu?," Gorodskie novosti, July 25, 2013, http://www.gornovosti.ru/tema/neotlozhka/strakh-peredayetsya-po-nasledstvu40779.htm.

20) Oleg Kolosov, "Strakh peredaetsia russkim ge ne ticheski rezul'tate bol'shevitskikh repressii?," December 30, 2013, http://rons-inform.livejournal.com/1303024.html.

| 10장 반리센코주의적 획득 형질의 유전

1) A. A. Liubishchev, V zashchitu nauki (Leningrad: Nauka, 1991), 35 - 36.

2) L. I. Blacher, The Problem of the Inheritance of Acquired Characters: A History of A Priori and Empirical Methods Used to Find a Solution (New Delhi: Amerind, 1983). 러시아어 원서의 서지정보는 다음과 같다. L. Ia. Bliakher, Problema nasledovaniia priobretennykh priznakov: Istoriia apriornykh i empiricheskikh popytok ee resheniia (Moscow: Nauka, 1971).

3) 이 글들 중 일부는 오랜 세월이 지나 소련 붕괴 이후에 출판되었다. M. D. Golubovsky, ed., V zashchitu nauki (Leningrad, USSR: Nauka, 1991).

4) Ibid., 46 - 47, 54 - 56.

5) Ibid., 23.

6) Ibid., 20, 26.

7) Ibid., 26.

8) Ibid., 248-272.

9) Golubovsky, V zashchitu nauki, 260 - 272.

10) A. A. Liubishchev, "O dvukh stat'iakh po genetike," in Golubovsky, V zashchitu nauki, 248 - 273. 이 논문에 관심을 갖게 도와준 미하일 골루보프스키에게 감사의 뜻을 전한다. 또한 다음을 참조. A. A. Liubishchev, O monopolii T. D. Lysenko v biologii (Ulyanovsk, Russia: UGPU, 2004).

11) Golubovsky, V zashchitu nauki, 270 - 271.

┃ 결론

1) 후성유전학의 전사(前史)에서 분자생물학이 차지하는 중요성에 대해서는 레더버그, 내니, 매클린톡, 르워프, 자코프, 모노 등이 연구한 참고문헌을 볼 것.

2) 이 통찰과 관련해서는 마이클 미니에게 빚을 졌다.

3) 1974년 9월 25일 리센코가 두비닌에게 보낸 편지. 다음 문헌에 수록. Eduard L. Kolchinsky, "Current Attempts at Exonerating 'Lysenkoism' and Their Causes" (미출간 논문), 9.

4) C. D. Darlington, "The Retreat from Science in Soviet Russia," in Death of a Science in Russia, ed. Conway Zirkle (Philadelphia: University of Pennsylvania Press, 1949), 72 - 73.

5) Carole Lartigue et al., "Genome Transplantation in Bacteria: Changing One Species to Another," Science 317 (August 3, 2007): 632 - 638.

6) 다음 문헌의 논의를 참조. Jan Sapp, Beyond the Gene: Cytoplasmic Inheritance and the Struggle for Authority in Genetics (New York: Oxford University Press, 1987), 179.

7) 소수의 예외가 없지는 않았다. 대표적으로 모스크바 자연학자 협회(the Moscow Society of Naturalists)와 전 러시아 자연보호 협회(All-Russian Society for the Protection of Nature) 등 자연보호단체 등을 들 수 있다. 더글러스 와이너Douglas Weiner는 이러한 단체들을 두고 '자유의 작은 모퉁이'라고 불렀다. Weiner, A Little Corner of Freedom: Russian Nature Protection from Stalin to Gorbachev (Berkeley: University of California Press, 1999).

8) Florian Maderspacher, "Lysenko Rising," Current Biology 20, no. 19 (2010): R835 - R837. 존경 받는 연구자들인 이디스 허드와 로버트 마틴슨 또한 리센코가 저온에 의해 발생하는 춘화작용을 '발견'했다고 잘못 기술함으로써 이러한 추세를 강화시켰다. Edith Heard and Robert A. Martienssen, "Transgenerational Epigenetic Inheritance: Myths and Mechanisms," Cell 157 (March 27, 2014): 95 - 109.

┃ 옮긴이의 말

1) William deJong-Lambert and Nikolai Krementsov eds, The Lysenko Controversy as a

Global Phenomenon: Genetics and Agriculture in the Soviet Union and Beyond, 2 vols. (New York: Palgrave Macmillan, 2017). 또한 다음 졸문을 참고. Jongsik Christian Yi, "Dialectical Materialism Serves Voluntarist Productivism: The Epistemic Foundation of Lysenkoism in Socialist China and North Vietnam," Journal of the History of Biology (October 2021), https://doi.org/10.1007/s10739-021-09652-7.

2) 이러한 '과학 대 정치·사회'라는 이분법적 사유는 특히 브루노 라투어(Bruno Latour) 이래 과학기술학계에서 적극적으로 의문에 부쳐지고 있다. 다음을 참고. 브뤼노 라투르 저, 홍성욱·장하원 역, 『판도라의 희망: 과학기술학의 참모습에 관한 에세이』, 휴머니스트, 2018.

3) 이는 영미 소련과학사 연구의 계보에서 그레이엄의 후배 세대에 속한다고 할 수 있는 마이클 고딘(Michael Gordin)이 영어가 과학지식의 생산과 유통에 행사하는 헤게모니를 비판적으로 분석했다는 점과 극명한 대비를 이룬다. Michael D. Gordin, Scientific Babel: How Science Was Done Before and After Global English (Chicago: University of Chicago Press, 2015).

참고문헌

Adams, Mark B. "The Founding of Population Genetics: Contributions of the Chetverikov School 1924–1934." *Journal of the History of Biology* (Spring 1968): 23–39.

———. "Genetics and the Soviet Scientific Community, 1948–1965." PhD diss., Harvard University, 1972.

———. "Science, Ideology, and Structure: The Kol'tsov Institute, 1900–1970." In *The Social Context of Soviet Science,* edited by Linda L. Lubrano and Susan Gross Solomon, 173–204. Boulder, CO: Westview Press, 1980.

———, ed. *The Wellborn Science: Eugenics in Germany, France, Brazil, and Russia.* New York: Oxford University Press, 1990.

Agol, I. I. "Dialektika i metafizika v biologii." *Pod znamenem marksizma,* no. 3 (1926): 142–159.

———. *Khochu zhit': Povest'.* Moscow: Khudozhestvennaia literatura, 1936.

Agranovskii, Anatolii. "Nauka na veru ne prinimaet." *Literaturnaia gazeta,* January 23, 1965, 2.

Albats, Yevgeniia. "Genius and the Villains." *Moscow News,* December 13, 1987, 10.

Allen, G. *Thomas Hunt Morgan: The Man and His Science.* Princeton, NJ: Princeton University Press, 1978.

Allis, C. D., T. Jenuwein, D. Reinberg, and M. L. Caparros, eds. *Epigenetics.* Cold Spring Harbor, NY: Cold Spring Harbor Laboratory Press, 2007.

Amasino, Richard. "Vernalization, Competence, and the Epigenetic Memory of Winter." *Plant Cell* 16 (October 2004): 253–259.

Anokhin, Mikhail. "Akademik Lysenko i bednaia ovechka Dolli." *Literaturnaia gazeta,* March 18, 2009, 12.

Anway, M. D., and M. K. Skinner. "Epigenetic Programming of the Germ Line: Effects of Endocrine Disruptors on the Development of Transgenerational Disease." *Reproductive Medicine Online* 16, no. 1 (2008): 23–25.

Babkov, V. V., ed. *The Dawn of Human Genetics.* Cold Spring Harbor, NY: Cold Spring Harbor Laboratory Press, 2013.

Barber, John, and Andrei Dzeniskovic. *Life and Death in Besieged Leningrad.* London: Palgrave Macmillan, 2005.

Bartel', V. "90-letiiu akademika D. K. Beliaeva posviashchaetsia." *Nauka v Sibiri* 34 (September 6, 2007): 3–7.

Bateson, William. "Dr. Kammerer's *Alytes.*" *Nature* 111 (1923): 738–739.

Baur, E., E. Fischer, and F. Lenz. *Grundriss der menschlichen Erblichkeitslehre und Rassenhygiene.* Munich: Lehmann, 1921.

Baylin, Stephen B., and Peter A. Jones. "A Decade of Exploring the Cancer Epigenome—Biological and Translational Implications." *Nature Reviews Cancer* 11 (October 2011): 726–734.

Beadle, George, and Muriel Beadle. *The Language of Life: An Introduction to the Science of Genetics.* Garden City, NY: Doubleday, 1966.

Beck, S. A., et al. "From Genomics to Epigenomics: A Loftier View of Life." *Nature Biotechnology* 11, no. 12 (1999): 1144.

Beisson, J., and T. M. Sonneborn. "Cytoplasmic Inheritance of the Organization of the Cell Cortex in *Paramecium aurelia.*" *Proceedings of the National Academy of Sciences USA* 53, no. 2 (1965): 275–282.

Bell, Chris. "Epigenetics: How to Alter Your Genes." *Telegraph,* October 16, 2013. http://www. telegraph .com.

Belyaev, D. K., A. O. Ruvinsky, and L. N. Trut. "Inherited Activation-Inactivation of the Star Gene in Foxes: Its Bearing on the Problem of Domestication." *Journal of Heredity* 72, no. 4 (1981): 267–274.

Berg, R. L., and N. V. Timofeev-Ressovskii. "Paths of Evolution of the Genotype." *Problems of Cybernetics* 10, no. 5 (1961): 292. (Joint Publication Research Service, 10, 292, January 1962.)

Berg, Raisa. *Sukhovie: Vospominaniia genetika.* Moscow: Pamiatniki istoricheskoi mysli, 2003.

Bernal, J. D. "The Biological Controversy in the Soviet Union and Its Implications." *Modern Quarterly* 4, no. 3 (1949): 203–217.

Berz, Peter, and Klaus Taschwer. "Afterword." *Arthur Koestler, Der Krötenküsser: Der Fall des Biologen Paul Kammerer.* Vienna: Czernin, 2010.

Bestor, T. H. "DNA Methylation: Evolution of a Bacterial Immune Function into a Regulator of Gene Expression and Genome Structure in Higher Eukaryotes." *Philosophical Transactions of the Royal Society of London,* ser. B: Biological Sciences, 326, no. 1235 (1990): 179–187.

Bestor, Timothy H., John R. Edwards, and Mathieu Bouland. "Notes on the Role of Dynamic DNA Methylation in Mammalian Development." *Proceedings of the National Academy of Sciences,* November 2014, 6796–6799.

Beurton, P. J., R. Falk, and H.-J. Rheinberger, eds. *The Concept of the Gene in Development and Evolution: Historical and Epistemological Perspective.* Cambridge: Cambridge University Press, 2000.

Biliya, S., and L. A. Bulla Jr. "Genomic Imprinting: The Influence of Differential Methylation in the Two Sexes." *Experimental Biology and Medicine* 235, no. 2 (2010): 139–147.

Bird, A. "CpG-Rich Islands and the Function of DNA Methylation." *Nature* 321 (May 15, 1986): 209–213.

———. "Perceptions of Epigenetics." *Nature* 447 (May 2007): 396–398.

Blacher, L. I. *The Problem of the Inheritance of Acquired Characters: A History of A Priori and Empirical Methods Used to Find a Solution.* Edited by F. B. Churchill. New Delhi: Amerind, 1982. Originally published as L. Ia. Bliakher, *Problema nasledovaniia priobretennykh priznakov: Istoriia apriornykh i empiricheskikh popytok ee resheniia.* Moscow: Nauka, 1971.

Blewitt, M. E., N. K. Vickaryous, A. Paldi, H. Koseki, and E. Whitelaw. "Dynamic Reprogramming of DNA Methylation at an Epigenetically Sensitive Allele in Mice." *PLoS Genetics* 2, no. 4 (2006): 399–405.

Bressan, Ray A., Jian-Kang Zhu, Michael J. Van Oosten, Hans J. Bohnert, Viswanathan Chinnusamy, and Albino Maggio. "Epigenetics Connects the Genome to Its Environment." In *Plant Breeding Reviews* 38, edited by Jules Janick (November 2014). doi: 10.1002/9781118916865.ch03.

Buchen, Lizzie. "Neuroscience: In Their Nurture." *Nature* 467 (September 8, 2010): 146–148.

Bunak, V. V. "Novye dannye k voprosu o voine, kak biologicheskom faktore." *Russkii evgenicheskii zhurnal,* no. 2 (1923): 223–232.

Burdge, G. C., S. P. Hoile, T. Uller, N. A. Thomas, P. D. Gluckman, et al. "Progressive, Transgenerational Changes in Offspring Phenotype and Epigenotype Following Nutritional Transition." *PLoS ONE* 6, no. 11 (2011). http://journals.plos.org.

Burdge, G. C., J. Slater-Jefferies, C. Torrens, E. S. Phillips, M. A. Hanson, and K. A. Lillycrop. "Dietary Protein Restriction of Pregnant Rats in the F_0 Generation Induces Altered Methylation of Hepatic Gene Promoters in the Adult Male Offspring in the F_1 and F_2 Generations." *British Journal of Nutrition* 97, no. 3 (2007): 435–439.

Burkhardt, Richard W., Jr. *The Spirit of System: Lamarck and Evolutionary Biology.* Cambridge, MA: Harvard University Press, 1977.

Burua, S., and M. A. Junaid. "Lifestyle, Pregnancy and Epigenetic Effects." *Epigenomics* 1 (February 7): 85–102.

Bygren, Lars Olov, Gunnar Kaati, and Sören Edvinsson. "Longevity Determined by Paternal Ancestors' Nutrition during Their Slow Growth Period." *Acta Biotheretica* 49 (2001): 53–59.

Calatayud, F., and C. Belzung. "Emotional Reactivity in Mice, a Case of Nongenetic Heredity?" *Physiology and Behavior* 74, no. 3 (2001): 355–362.

Callinan, P. A., and A. P. Feinberg. "The Emerging Science of Epigenomics." Supplement 1, *Human Molecular Genetics* 15 (2006): R95–R101.

Carey, Nessa. *The Epigenetic Revolution: How Modern Biology Is Rewriting Our Understanding of Genetics, Disease, and Inheritance.* London: ICON, 2012.

Carlson, Elof Axel. *Genes, Radiation and Society: The Life and Work of H. J. Muller.* Ithaca, NY: Cornell University Press, 1981.

Champagne, F. A., and J. P. Curley. "Epigenetic Mechanisms Mediating the Long-Term Effects of Maternal Care on Development." *Neuroscience and Biobehavioral Reviews* 33, no. 4 (2009): 593–600.

Champagne, F. A., and M. J. Meaney. "Like Mother, Like Daughter: Evidence for Non-Genomic Transmission of Parental Behavior and Stress Responsivity." *Progress in Brain Research* 133 (2001): 287–302.

Champagne, F. A., et al. "Maternal Care Associated with Methylation of the Estrogen Receptor–Alpha1b Promoter and Estrogen Receptor–Alpha Expression in the Medial Preoptic Area of Female Offspring." *Endocrinology* 147 (June 2006): 2905–2915.

Champagne, Frances A., and Michael J. Meaney. "Transgenerational Effects of Social Environment on Variations in Maternal Care and Behavioral Response to Novelty." *Behavioral Neuroscience* 121, no. 6 (2007): 1353–1363.

Chong, S., N. Vickaryous, A. Ashe, N. Zamudio, N. Youngson, S. Hemley, et al. "Modifiers of Epigenetic Reprogramming Show Paternal Effects in the Mouse." *Nature Genetics* 39, no. 5 (2007): 614–622.

Chong, S., and E. Whitelaw. "Epigenetic Germline Inheritance." *Current Opinion in Genetics and Development* 14 (2004): 692–696.

Churchill, Frederick B. *August Weismann: Development, Heredity, and Evolution.* Cambridge, MA: Harvard University Press, 2015.

Comfort, Nathaniel. *The Tangled Field: Barbara McClintock's Search for the Patterns of Gene Control.* Cambridge, MA: Harvard University Press, 2003.

Crews, D., A. C. Gore, T. S. Hsu, N. L. Dangleben, M. Spinetta, T. Schallert, M. D. Anway, and M. K. Skinner. "Transgenerational Epigenetic Imprints on Mate Preference." *Proceedings of the National Academy of Sciences USA* 104, no. 14 (2007): 5942–5946.

Darlington, C. D. "The Retreat from Science in Soviet Russia." In *Death of a Science in Russia,* edited by Conway Zirkle, 67–80. Philadelphia: University of Pennsylvania Press, 1949.

Davidenkov, S. N. "Our Eugenic Prospects." In *The Dawn of Human Genetics,* edited by V. V. Babkov, 48–56. Cold Spring Harbor, NY: Cold Spring Harbor Laboratory Press, 2013.

Dawkins, Richard. *The Selfish Gene.* New York: Oxford University Press, 1976.

deJong-Lambert, William. *The Cold War Politics of Genetic Research: An Introduction to the Lysenko Affair.* Dordrecht, Netherlands: Springer, 2012.

———. "Hermann J. Muller, Theodosius Dobzhansky, Leslie Clarence Dunn and the Reaction to Lysenkoism in the United States." *Journal of Cold War Studies* 15 (Winter 2013): 78–118.

deJong-Lambert, William, and Nikolai Krementsev. "On Labels and Issues: The Lysenko Controversy and the Cold War." *Journal of the History of Biology* 45, no. 1 (2012): 373–388.

Delage, B., and Dashwood, R. H. "Dietary Manipulation of Histone Structure and Function." *Annual Review of Nutrition* 28 (2008): 347–366.

Denenberg, V. H., and K. M. Rosenberg. "Nongenetic Transmission of Information." *Nature* 216, no. 5115 (1967): 549–550.

Dias, Brian G., and Kerry J. Ressler. "Parental Olfactory Experience Influences Behavior and Neural Structure in Subsequent Generations." *Nature Neuroscience* 17 (2014): 89–96.

Dobrzhanskii, F. G. *Chto i kak nasleduetsia u zhivykh sushchestv?* Leningrad, USSR: Gosudarstvennoe izdatel'stvo, 1926, 51–64.

Dobzhansky, Theodosius. *The Biological Basis of Human Freedom.* New York: Columbia University Press, 1956.

———. *Genetics and the Origin of Species.* New York: Columbia University Press, 1937.

———. "N. I. Vavilov, a Martyr of Genetics, 1887–1942." *Journal of Heredity* 38 (August 1947): 229–230.

Dubinin, N. P. "Filosofskie i sotsiologicheskie aspekty genetiki cheloveka." *Voprosy filosofii,* no. 1 (1971): 36–45.

———. "I. V. Michurin i sovremennaia genetika." *Voprosy filosofii,* no. 6 (1966): 59–70.

———. *Istoriia i tragediia sovetskoi genetiki.* Moscow: Nauka, 1992.

———. *Izbrannye Trudy.* Moscow: Nauka, 2000.

———. *Vechnoe dvizhenie.* Moscow: Politizdat, 1989.

Duchinskii, F. "Darvinizm, lamarkizm i neodarvinizm." *Pod znamenem marksizma,* nos. 7–8 (1926): 95–122.

Dunn, L. C. *A Short History of Genetics.* New York: McGraw-Hill, 1965.

Evelyn, John. "Sylva, Or a Discourse on Forest Trees." Paper presented at the Royal Society, October 16, 1662.

Filipchenko, Iu. A. "Spornye voprosy evgeniki." *Vestnik kommunisticheskoi akademii,* no. 20 (1927): 212–254.

Fish, E. W., D. Shahrokh, R. Bagot, C. Caldji, T. Bredy, M. Szyf, and M. J. Meaney. "Epigenetic Programming of Stress Responses through Variation in Maternal Care." *Annals of the New York Academy of Science* 1036 (2004): 167–180.

Fitzpatrick, Sheila. *The Commissariat of Enlightenment: Soviet Organization of Education and the Arts under Lunacharsky.* Cambridge: Cambridge University Press, 1970.

Flanagan, J. M., V. Popendikyte, N. Pozdniakovaite, M. Sobolev, A. Assadzadeh, A. Schumacher, M. Zangeneh, et al. "Intra- and Interindividual Epigenetic Variation in Human Germ Cells." *American Journal of Human Genetics* 79, no. 1 (2006): 67–84.

Flintoft, L., ed. "Focus On: Epigenetics." *Nature Reviews Genetics* 8, no. 4 (2007): 245–314.

Francis, D. D., F. A. Champagne, et al. "Maternal Care, Gene Expression, and the Development of Individual Differences in Stress Reactivity." *Annals of New York Academy of Science* 896 (1999): 66–84.

Francis, D. D., and M. J. Meaney. "Maternal Care and the Development of Stress Responses." *Current Opinion in Neurobiology* 9, no. 1 (1999): 128–134.

Francis, Richard C. *Epigenetics: How Environment Shapes Our Genes.* New York: W. W. Norton,

2011.

Frolov, I. T. *Genetika i dialektika*. Moscow: Nauka, 1968.

Fyfe, James. *Lysenko Is Right*. London: Lawrence and Wishart, 1950.

Gaissinovitch, A. E. "The Origins of Soviet Genetics and the Struggle with Lamarckism, 1922–1929." Translated by Mark B. Adams. *Journal of the History of Biology* 13 (Spring 1980): 1–51.

Gassner, G. "Beiträge zur physiologiischen Charakteristik sommer-und winter-annueller Gewächse, insbesondere der Getreidepflanzen." *Zeitschrift für Botanik* 10 (1918): 417–480.

Genereux, D. P., B. E. Miner, C. T. Bergstrom, and C. D. Laird. "A Population-Epigenetic Model to Infer Site-Specific Methylation Rates from Double-Stranded DNA Methylation Patterns." *Proceedings of the National Academy of Sciences USA* 102, no. 16 (2005): 5802–5807.

Gillispie, Charles Coulston. "Lamarck and Darwin in the History of Science." In *Forerunners of Darwin: 1745–1859,* edited by Bentley Glass, Owsei Temkin, and William L. Straus Jr., 265–291. Baltimore: Johns Hopkins University Press, 1968.

Gissis, Snait B., and Eva Jablonka, eds. *Transformations of Lamarckism*. Cambridge, MA: MIT Press, 2011.

Gluckman, P. D., M. A. Hanson, and A. S. Beedle. "Non-Genomic Transgenerational Inheritance of Disease Risk." *BioEssays* 29, no. 2 (2007): 145–154.

Gokhman, D., et al. "Reconstructing the DNA Methylation Maps of the Neandertal and the Denisovan." *Science* 344 (2014): 523–527.

Goldschmidt, Richard B. *In and Out of the Ivory Tower: The Autobiography of Richard B. Goldschmidt.* Seattle: University of Washington Press, 1960.

Golubovsky, M. D. "Genome Inconstancy by Roman B. Khesin in Terms of the Conceptual History of Genetics." *Molecular Biology* 36, no. 2 (2002): 259–266.

———. "Nekanonicheskie nasledstvennye izmeneniia." *Priroda,* no. 9 (2011): 53–63.

———. "Stanovlenie genetiki cheloveka." *Priroda,* no. 10 (2012): 53–63.

———. "The Unity of the Whole and Freedom of Parts: Facultativeness Principle in the Hereditary System." *Vavilovskii zhurnal genetiki i selektsii* 15, no. 2: 423–431.

———. *Vek genetiki: Evoliutsiia idei i poniatii.* St. Petersburg, Russia: Borei Art, 2000.

———, ed. *V zashchitu nauki.* Leningrad, USSR: Nauka, 1991.

Gordin, Michael. "How Lysenkoism Became Pseudoscience: Dobzhansky to Velikovsky." *Journal of the History of Biology* 45, no. 3 (2012): 443–468.

———. "Lysenko Unemployed: Soviet Genetics after the Aftermath." Unpublished manuscript.

Gould, Stephen J. *The Structure of Evolutionary Theory.* Cambridge, MA: Belknap Press of Harvard University Press, 2002.

Graham, Loren R. "Eugenics: Weimar Germany and Soviet Russia." In *Between Science and Values,* 217–256. New York: Columbia University Press, 1981.

————. "Genetics." In *Science and Philosophy in the Soviet Union*, 195–256. New York: Alfred Knopf, 1972.

————. *Moscow Stories*. Bloomington: Indiana University Press, 2006.

————. "Reasons for Studying Soviet Science: The Example of Genetic Engineering." In *The Social Context of Soviet Science*, edited by Linda L. Lubrano and Susan Gross Solomon, 205–240. Boulder, CA: Westview Press, 1980.

————. "Science and Values: The Eugenics Movement in Germany and Russia in the 1920s." *American Historical Review* 82 (December 1977): 1133–1164.

Grant-Downton, R. T., and H. G. Dickinson. "Epigenetics and Its Implications for Plant Biology: The 'Epigenetic Epiphany': Epigenetics, Evolution, and Beyond." *Annals of Botany* 97, no. 1 (2006): 11–27.

Gregory, S. G., et al. "Genomic and Epigenetic Evidence for Oxytocin Receptor Deficiency in Autism." *BMC Medicine* 7, no. 62 (2009).

Gubarev, Vladimir. "D'iavol iz proshlogo." *Delovoi vtornik,* April 13, 2009. http://lysenkoism.narod.

Gurdon, J. B., T. R. Elsdale, and M. Fischberg. "Sexually Mature Individuals of *Xenopus laevis* from the Transplantation of Single-Somatic Nuclei." *Nature* 182 (July 5, 1958): 64–65.

Haig, D. "The (Dual) Origin of Epigenetics." *Cold Spring Harbor Symposia on Quantitative Biology* 69: 67–70.

Haldane, J. B. S. *The Inequality of Man*. London: Chatto and Windus, 1932.

Hale, Piers J. *Political Descent: Malthus, Mutualism, and the Politics of Evolution in Victorian England*. Chicago: University of Chicago Press, 2014.

Harman, Oren Solomon. "C. D. Darlington and the British and American Reaction to Lysenko and the Soviet Conception of Science." *Journal of the History of Biology* 36, no. 2 (2003): 309–352.

Heard, Edith, and Robert A. I. Martienssen. "Transgenerational Epigenetic Inheritance: Myths and Mechanisms." *Cell* 157 (March 27, 2014): 95–109.

Henderson, I. R., and Jacobsen, S. E. "Epigenetic Inheritance in Plants." *Nature* 447, no. 7143 (2007): 418–424.

Holliday, R. "Epigenetics: A Historical Overview." *Epigenetics* 1, no. 2 (2006): 76–80.

————. "Epigenetics Comes of Age in the Twenty-First Century." *Journal of Genetics* 81, no. 1 (2002): 1–4.

————. "The Significance of DNA Methylation in Cellular Aging." In *Molecular Biology of Aging*, edited by A. D. Woodhead et al., 269–283. New York: Plenum Press, 1984.

Howard, Walter L. "Luther Burbank: A Victim of Hero Worship." *Chronica Botanica* 9, nos. 5–6 (1945): 299–520.

Hudson, P. S., and R. H. Richens. *The New Genetics in the Soviet Union*. Cambridge: School of Agriculture, 1946.

Hunter, Philip. "What Genes Remember." May 2008. http://www.prospect-magazine.co.uk/article_details.php?id=10140.

Hurley, Dan. "Grandma's Experiences Leave a Mark on Your Genes." *Discover Magazine* (May 2013). http://discovermagazine.

Huxley, Julian. *Heredity East and West (Lysenko and World Science).* London: H. Schuman, 1949.

———. *A Scientist among the Soviets.* London: Chatto and Windus, 1932.

Il'in, M. M. "Filogenez pokrytosemennykh s pozitsii michurinskoi biologii." *Botanicheskii zhurnal* 38, no. 1 (1953): 97–118.

Iogansen, Nil's. "Trofim Lysenko: Genii ili sharlatan?" *Kul'tura,* July 2, 2015.

Jablonka, Eva, and Marion J. Lamb. *Epigenetic Inheritance and Evolution: The Lamarckian Dimension.* Oxford: Oxford University Press, 1995.

———. "Epigenetic Inheritance as a Mediator of Genetic Changes during Evolution." Paper presented in Novosibirsk, 2007, compliments of Eva Jablonka.

———. *Evolution in Four Dimensions: Genetic, Epigenetic, Behavioral, and Symbolic Variation in the History of Life.* Cambridge, MA: MIT Press, 2005.

———. "The Inheritance of Acquired Epigenetic Variations." *Journal of Theoretical Biology* 139, no. 1 (1989): 69–83.

Jablonka, Eva, and Gal Raz. "Transgenerational Epigenetic Inheritance: Prevalence, Mechanisms, and Implications for the Study of Heredity and Evolution." *Quarterly Review of Biology* 84 (June 2009): 131–176.

Jacob, François, and Jacques Monod. "Genetic Regulatory Mechanisms in the Synthesis of Proteins." *Journal of Molecular Biology,* no. 3 (1961): 318–356.

Jirtle, R. L., and M. K. Skinner. "Environmental Epigenomics and Disease Susceptibility." *Nature Reviews Genetics* 8, no. 4 (2007): 253–262.

Jones, Bryony. "Epigenetics: Histones Pass the Message On." *Nature Reviews Genetics* 16, no. 3 (2015). doi: 10.1038/nrg3876.

Joravsky, David. "The First Stage of Michurinism." In *Essays in Russian and Soviet History,* edited by J. S. Curtiss, 120–132. New York: Columbia University Press, 1963.

———. *The Lysenko Affair.* Cambridge, MA: Harvard University Press, 1970.

———. "Soviet Marxism and Biology before Lysenko." *Journal of the History of Ideas* 20, no. 1 (1959): 85–104.

———. *Soviet Marxism and Natural Science, 1917–1932.* New York: Columbia University Press, 1961.

Jorgensen, R. A. "Restructuring the Genome in Response to Adaptive Challenge: McClintock's Bold Conjecture Revisited." *Cold Spring Harbor Symposia on Quantitative Biology* 69 (2004): 349–354.

Josephson, Paul. *New Atlantis Revisited: Akademgorodok, the Siberian City of Science.* Princeton, NJ: Princeton University Press, 1997.

Kaati, G., L. O. Bygren, M. Pembrey, and J. Sjöstrom. "Transgenerational Response to Nutrition, Early Life Circumstances and Longevity." *European Journal of Human Genetics* 15 (2007): 784–790.

Kammerer, Paul. "Breeding Experiments on the Inheritance of Acquired Characters." *Nature* 111 (1923): 637–640.

———. "Das Darwinmuseum zu Moskau." *Monistische Monatshefte* 11 (1926): 377–382.

———. *The Inheritance of Acquired Characteristics.* New York: Boni and Liveright, 1924.

Katz, L. A. "Genomes: Epigenomics and the Future of Genome Sciences." *Current Biology* 16 (2006): R996–R997.

Keller, Evelyn Fox. *The Century of the Gene.* Cambridge: Cambridge University Press, 2000.

———. *A Feeling for the Organism: The Life and Work of Barbara McClintock.* San Francisco: W. H. Freeman, 1983.

Kennedy, Scott. "Multigenerational Epigenetic Inheritance." Lecture presented at Harvard Medical School, NRB, Boston, MA, December 4, 2013.

Khesin, R. B. *Nepostoianstvo genoma.* Moscow: Nauka, 1984.

Khoroshinina, Lidiia. "Osobennosti somaticheskoi patologii u liudei starshikh vozrastnykh grupp, perezhivshikh v detstve blokadu Leningrada." PhD diss., St. Petersburg Medical Academy, 2002.

Kiklenka, Keith, et al. "Disruption of Histone Methylation in Developing Sperm Impairs Offspring Health Transgenerationally." *Science* 350, no. 6261 (November 6, 2015): DOI:10.1126/science.aab2006.

Knuniants, I., and L. Zubkov. "Shkoly v nauke." *Literaturnaia gazeta,* January 11, 1955, 1.

Koestler, Arthur. *The Case of the Midwife Toad: A Scientific Mystery Revisited.* New York: Random House, 1971.

Kojevnikov, Alexei B. *Stalin's Great Science: The Times and Adventures of Soviet Physicists.* London: Imperial College Press, 2004.

Kol', A. "Prikladnaia botanika ili leninskoe obnovlenie zemli." *Ekonomicheskaia zhizn',* January 29, 1931, 2.

Kolbanovskii, V. "Spornye voprosy genetiki i selektsii (obshchii obzor soveshchaniia)." *Pod znamenem marksizma,* no. 11 (1939): 95.

Kolchinsky, Eduard. *Biology in Germany and Russia-USSR: Under Conditions of Social-Political Crises of the First Half of the XX Century.* St. Petersburg, Russia: Nestor-Historia, 2007.

———. "Current Attempts at Exoneration of 'Lysenkoism' and Their Causes." Unpublished paper given to Loren Graham, 2014.

———. "Nikolai Vavilov in the Years of Stalin's 'Revolution from Above' (1929–1932)." Manuscript given to Loren Graham, 2014.

———. "N. I. Vavilov v prostranstve istoriko-nauchnykh diskusii." Paper given at XII Vavilovskoe chtenie, conference held at the Institute of General Genetics, Russian Academy of Sciences, November 18, 2015. Copy received from the author. November 11, 2015.

Koldanov, V. Ia. "Nekotorye itogi i vyvody po polezashchitnomu lesorazvedeniiu za istekshie piat' let." *Lesnoe khoziaistvo,* no. 3 (1954): 10–18.

Kolosov, Oleg. "Strakh peredaetsia russkim geneticheski rezul'tate bol'shevitskikh repressii?" December 30, 2013. http://rons-inform.livejournal.com/1303024.html.

Kol'tsov, N. K. "Improvement of the Human Race." *Russkii evgenicheskii zhurnal,* no. 1 (1922): 3–27. Reprinted in *The Dawn of Human Genetics,* edited by V. V. Babkov, 66–86. Cold Spring Harbor, NY: Cold Spring Harbor Laboratory Press, 2013.

———. "Noveishie popytki dokazat' nasledstvennost' blagopreobretennykh priznakov." *Russkii evgenicheskii zhurnal,* no. 2 (1924): 159–167.

Kononkov, P. F. *Dva mira—dve ideologii. O polozhenii v biologicheskikh i sel'skokhoziaistvennykh naukakh v Rossii v sovetskii i postsovetskii period.* Moscow: Luch, 2014.

Korochkin, L. "Vo vlasti nevezhestva, Neolysenkovshchina v rossiiskom soznanii." *Literaturnaia gazeta,* March 6, 2002, 1–2.

Kouprianov, Alexei V. "The 'Soviet Creative Darwinism' (1930s–1950s): From the Selective Reading of Darwin's Works to the Transmutation of Species." *Studies in the History of Biology* 3, no. 2 (2011): 8–31.

Kouzarides, T. "Chromatin Modifications and Their Function." *Cell* 128 (February 23, 2007): 693–705.

Kozlov, Vladimir. "Strakh peredaetsia po nasledstvu?" *Gorodskie novosti,* July 25, 2013. http://www.gornovosti.ru/tema/neotlozhka/strakh-peredaetsya-po-nasledstvu40779.htm.

Krementsev, Nikolai. *International Science between the World Wars: The Case of Genetics.* London: Routledge, 2005.

———. "Marxism, Darwinism, and Genetics in the Soviet Union." In *Biology and Ideology: From Descartes to Dawkins,* edited by Denis R. Alexander and Ronald L. Numbers, 215–246. Chicago: University of Chicago Press, 2010.

———. *Stalinist Science.* Princeton, NJ: Princeton University Press, 1997.

Kundakovic, Marija, and Frances A. Champagne. "Early-Life Experience, Epigenetics, and the Developing Brain." *Neuropsychopharmacology,* July 30, 2014. doi: 10.1038/npp.2014.140.

Kuroedov, A. S. "Rol' sotsialisticheskoi sel'sko-khoziaistvennoi praktiki v razvitii michurinskoi biologii." Unpublished diss. for the degree of kandidat, Moscow State University, 1952.

Lachmann, M., and E. Jablonka. "The Inheritance of Phenotypes: An Adaptation to Fluctuating Environments." *Journal of Theoretical Biology* 181 (1996): 1–9.

Lamm, E., and E. Jablonka. "The Nurture of Nature: Hereditary Plasticity in Evolution." *Philosophical Psychology* 21, no. 3 (2008): 305–319.

Landman, Otto E. "The Inheritance of Acquired Characteristics." *Annual Review of Genetics* 21 (December 1991): 1–20.

Langdon-Davies, John. *Russia Puts the Clock Back: A Study of Soviet Science and Some British Scientists.*

London: Gollancz, 1949.

Lartigue, Carole, John Glass, Nina Alperovich, Rembert Pieper, Prashanth Parmar, Clyde A. Hutchinson III, Hamilton O. Smith, and J. Craig Venter. "Genome Transplantation in Bacteria: Changing One Species to Another." *Science* 317 (August 3, 2007): 632–638.

Lecourt, Dominique. *Proletarian Science? The Case of Lysenko.* Atlantic Highlands, NJ: Humanities Press, 1977.

Lederberg, Joshua. "Cell Genetics and Hereditary Symbiosis." *Physiological Review* 32, no. 4 (1952): 403–430.

Lenz, F. "Der Fall Kammerer und seine Umfilmung durch Lunatscharsky." *Archiv für Rassen- und Gesellschafts Biologie,* no. 21 (1929): 311–318.

Lenz, Fritz. "Einführung in die Vererbungswissenschaft." *Archiv für Rassen- und Gesellschafts-Biologie* 21 (1929): 99–102.

Levit, S. G. "Evolutsionnye teorii v biologii i marksizm." *Meditsina i dialekticheskii materialism,* no. 1 (1926): 15–32.

Levites, E. V. "Epigenetic Variability as a Source of Biodiversity and a Factor of Evolution." Pt. 3. *Biodiversity and Dynamics of Ecosystems in North Eurasia* 1 (2000): 73–75.

Li, E., and A. Bird, "DNA Methylation in Animals." In *Epigenetics,* edited by C. D. Allis, T. Jenuwein, D. Reinberg, and M. L. Caparros, 341–356. Cold Spring Harbor, NY: Cold Spring Harbor Laboratory Press, 2004.

Lieberman, Daniel E. "Epigenetic Integration, Complexity, and Evolvability of the Head." In *Epigenetics: Linking Genotype and Phenotype in Development and Evolution,* edited by Benedikt Hallgrimsson and Brian K. Hall, 271–289. Berkeley: University of California Press, 2011.

Lindberg, Julia, Susanne Björnerfeldt, Peter Saetre, Kenth Svartberg, Birgitte Seehuus, Morten Bakken, Carlos Vila, and Elena Jazin. "Selection for Tameness Has Changed Brain Gene Expression in Silver Foxes." *Current Biology* 15, no. 22 (2005): R915–R916.

Liubishchev, A. A. *O monopolii T. D. Lysenko v biologii.* Ulyanovsk, Russia: Ul'ianovskii gosudarstvennyi pedagogicheskii universitet, 2004.

———. *O prirode nasledstvennykh faktorov.* Ulyanovsk, Russia: Ul'ianovskii gosudarstvennyi pedagogicheskii universitet, 2004.

Liubishchev, A. A., and A. G. Gurvich. *Dialog o biologii.* Ulyanovsk, Russia: Ul'ianovskii gosudarstvennyi pedagogicheskii universitet, 1998.

Logan, Cheryl A. *Hormones, Heredity, and Race: Spectacular Failure in Interwar Vienna.* New Brunswick, NJ: Rutgers University Press, 2013.

———. "Overheated Rats, Race, and the Double Gland: Paul Kammerer, Endocrinology and the Problem of Somatic Induction." *Journal of the History of Biology* 40, no. 4 (2007): 684–725.

Loukoianov, Artem, Liuling Yan, Ann Blechl, Alexandra Sanchez, and Jorge Dubcovsky. "Regulation of *VRN-1* Vernalization Genes in Normal and Transgenic Polyploid Wheat." *Plant Physiology*

138 (August 2005): 2364–2373.

Lumey, L. H. "Reproductive Outcomes in Women Prenatally Exposed to Undernutrition: A Review of Findings from the Dutch Famine Birth Cohort." *Proceedings of the Nutrition Society* 57, no. 1 (1998): 129–135.

Lumey, L. H., A. D. Stein, H. S. Kahn, K. M. van der Pal-de Bruin, G. J. Blauw, P. A. Zybert, and E. S. Susser. "Cohort Profile: The Dutch Hunger Winter Families Study." *International Journal of Epidemiology* 36, no. 6 (2007): 1194–1204.

Lunacharskii, Anatoli. *Lunacharskii o kino: Stat'i, vyskazyvaniia, stsenarii, dokumenty.* Moscow: Izdatel'stvo iskusstvo, 1965.

Lyon, Mary F. "Gene Action in the X-Chromosome of the Mouse." *Nature* 190, no. 4773 (1961): 372–373.

Lysenko, T. D. *Agrobiologiia.* Moscow: Sel'khozgiz, 1952.

———. "Gnezdovaia kul'tura lesa." *Ogonek,* no. 10 (March 1949): 6–7.

———. *Heredity and Its Variability.* Translated by Th. Dobzhansky. New York: King's Crown Press, 1946.

———, ed. *I. V. Michurin: Sochineniia v chetyrek tomakh.* Vols. 1–4. Moscow: Gosizdat, 1948.

———. "Iarovizatsiia—eto milliony pudov dobavochnogo urozhaia." *Izvestiia,* February 15, 1935, 4.

———. "Interesnye raboty po zhivotnovodstvu v Gorkakh Leninskikh." *Pravda,* July 17, 1957, 5–6.

———. *Izbrannye sochineniia.* Moscow: Moskovskii rabochii, 1953.

———. "Novoe v nauke o biologicheskom vide." *Pravda,* November 3, 1950, 2.

———. "Obnovlennye semena: Beseda s akademikom T. D. Lysenko." *Sotsialisticheskoe zemledelie,* September 16, 1935, 1.

———. "On vdokhnovlial nas na bor'bu za dal'neishii rastsvet nauki." *Izvestiia,* September 1, 1948, 1.

———. "Po povodu stat'i akademika N. I. Vavilova." *Sotsialisticheskoe zemledelie,* February 1, 1939, 25.

———. "Posev polezashchitnykh lesnykh polos gnezdovym sposobom." *Agrobiologiia,* no. 2 (1952). http://lysenkoism.narod.

———. "Rech' tovarishcha T. D. Lysenko." *Pravda,* February 26, 1956, 9.

———. "Shire primeniat' v nechernozemnoi polose organomineral'nye smesy." *Izvestiia,* April 27, 1957, 2.

———. "Teoreticheskie osnovy napravlennogo izmeneniia nasledstvennosti sel'skokhoziaistvennykh rastenii." *Pravda,* January 29, 1963, 3–4.

———. "Teoreticheskie uspekhi agronomicheskoi biologii." *Izvestiia,* December 8, 1957, 5.

———. "Vazhnye rezervy kolkhozov i sovkhozov." *Pravda,* March 14, 1959, 2–3.

———. "Vliianie termicheskogo faktora na prodolzhitel'nost' faz razvitiia rastenii." *Trudy azerbaidzhanskoi tsentral'noi opytnoselektsionnoi stantsii,* no. 3 (1928): 1–169.

Maderspacher, Florian. "Lysenko Rising." *Current Biology* 20, no. 19 (2010): R835–R837.

Maienschein, J. "Epigenesis and Preformationism." In *Stanford Encyclopedia of Philosophy,* edited by E. N.

Zalta. Stanford, CA: Stanford University Press, 2008. http://plato.stanford.edu.

Maksimov, N. A. "Fiziologicheskie factory, opredeliaiuschie dlinu vegetatsionnogo perioda." *Trudy po prikladnoi botanike, genetike i selektsii* 20 (1929): 169–212.

Maksimov, N. A., and M. A. Krotkina. "Issledovaniia nad posledstviem ponizhennoi temperatury na dlinu vegetatsionnogo perioda." *Trudy po prikladnoi botanike, genetike i selektsii* 23, no. 2 (1929–1930): 427–473.

Manton, Kenneth G., and M. D. Golubovsky. "Three-Generation Approach in Biodemography Is Based on the Developmental Profiles and the Epigenetics of Female Gametes." *Frontiers in Bioscience* 10 (January 1, 2005): 187–191.

Martin, C., and Y. Zhang. "Mechanisms of Epigenetic Inheritance." *Current Opinion in Cell Biology* 19, no. 3 (2007): 266–272.

Mayr, E. *The Growth of Biological Thought: Diversity, Evolution, and Inheritance.* Cambridge, MA: Belknap Press of Harvard University Press, 1982.

McClintock, Barbara. "Introduction of Instability at Selected Loci in Maize." *Genetics* 38, no. 6 (1953): 579–599.

———. "The Origin and Behavior of Mutable Loci in Maize." *Proceedings of the National Academy of Sciences of the United States of America* 36, no. 6 (1950): 344–355.

———. "The Significance of Responses of the Genome to Challenge." *Science* 226, no. 4676 (1984): 792–801.

———. "Some Parallels between Gene Control Systems in Maize and in Bacteria." *American Naturalist* 95 (September–October 1961): 265–277.

McGowan, P. O., et al. "Epigenetic Regulation of the Glucocorticoid Receptor in Human Brain Associates with Child Abuse." *Nature Neuroscience* 12 (2009): 342–348.

Meaney, Michael J., Moshe Szyf, et al. "Epigenetic Programming by Maternal Behavior." *Nature Neuroscience* 7 (2004): 847–859.

Medvedev, Zhores. "Errors in the Reproduction of Nucleic Acids and Proteins and Their Biological Significance." Joint Publication Research Service, *Problems of Cybernetics*, no. 9 (November 1963): 21,448.

———. *The Rise and Fall of T. D. Lysenko.* New York: Columbia University Press, 1965.

Medvedev, Zhores, and V. Kirpichnikov. "Perspektivy sovetskoi genetiki." *Neva*, no. 3 (1963): 165–175.

Meloni, Maurizio. *Political Biology: Social Implications of Human Heredity from Eugenics to Epigenetics.* New York: Palgrave, 2016.

Merkel, Arkady L., and Lyudmila N. Trut. "Behavior, Stress, and Evolution in Light of the Novosibirsk Selection Experiment." In *Transformations of Lamarckism,* edited by Snait B. Gissis and Eva Jablonka, 171–180. Cambridge, MA: MIT Press, 2011.

Mikulinskii, S. R., ed. *Nikolai Ivanovich Vavilov: Ocherki, vospominaniia, materialy.* Moscow: Nauka, 1987.

Mironin, Sigizmund. *Delo genetikov.* Moscow: Algoritm, 2008.

Mitchell, P. Chalmers. "The Spencer-Weismann Controversy." *Nature* 49 (February 15, 1894): 373–374.

Molinier, J., G. Ries, C. Zipfel, and B. Hohn. "Transgeneration Memory of Stress in Plants." *Nature* 442 (2006): 1046–1049.

Morange, Michel. "L'épigénétique." *Études: Revue de culture contemporaine,* November 2014, 45–55.

Morgan, T. H. "Are Acquired Characters Inherited?" *Yale Review* (July 1924): 712–729.

Morgan, T. H., and Iu. A. Filipchenko. *Nasledstvennye li priobretennye priznaki?* Leningrad, USSR: Seiatel', 1925.

Morris, K. "Lamarck and the Missing Lnc." *Scientist,* October 1, 2012. http://www.the-scientist.com.

Mukhin, Iurii. *Prodazhnaia devka genetika.* Moscow: Izdatel'stvo Bystrov, 2006.

Muller, H. J. "Artificial Transmutation of the Gene." *Science* 66, no. 1699 (1927): 84–87.

———. "Lenin's Doctrines in Relation to Genetics." In *Science and Philosophy in the Soviet Union,* edited by Loren Graham, 453–469. New York: Alfred A Knopf, 1972.

———. "Letter from Muller to Stalin." In *The Dawn of Human Genetics,* edited by V. V. Babkov, 643–646. Cold Spring Harbor, NY: Cold Spring Harbor Laboratory Press, 2013.

———. "Nauka proshlogo i nastoiashchego i chem ona obiazana Marksu." In *Marksizm i estestvoznanie,* 204–207. Moscow: Izdatel'stvo kommunisticheskoi akademiii, 1933.

———. "Observations of Biological Science in Russia." *Scientific Monthly* 16, no. 5 (1923): 539–552.

———. *Out of the Night: A Biologist's View of the Future.* New York: Vanguard Press, 1935.

———. "Partial List of Biological Institutes and Biologists Doing Experimental Work in Russia at the Present Time." *Science* 57, no. 1477 (1923): 472–473.

Murneek, A. E., R. O. Whyte, et al., eds. *Vernalization and Photoperiodism: A Symposium.* Waltham, MA: Chronica Botanica, 1948.

Nanney, D. "Epigenetic Control Systems." *Proceedings of the National Academy of Sciences* 44 (1958): 712–717.

Noble, G. K. "Kammerer's *Alytes.*" *Nature* 118 (August 7, 1926): 208–210.

Ol'shanskii, M. "Protiv fal'sifikatsii v biologicheskoi nauke." *Sel'skaia zhizn'* (August 1963): 2–3.

Ovchinnikov, N. V., P. F. Kononkov, A. Chichkin, and I. V. Driagena. *Trofim Denisovich Lysenko: Sovetskii agronom, biolog, selektsioner.* Moscow: Samoobrazovanie, 2008.

Painter, R. C., C. Osmond, et al. "Transgenerational Effects of Prenatal Exposure to the Dutch Famine on Neonatal Adiposity and Health in Later Life." *BJOG: Journal of Obstetrics and Gynaecology* 115, no. 10 (2008): 1243–1249.

Paul, Diane. *Controlling Human Heredity, 1865 to the Present.* Amherst, NY: Humanities Books, 1998.

———. "Eugenics and the Left." *Journal of the History of Ideas* 45, no. 4 (1984): 567–585.

Pembrey, Marcus E., Lars Olov Bygren, Gunnar Kaati, Sören Edvinsson, Kate Northstone, Michael Sjöström, Jean Golding, and the ALSPAC Study Team. "Sex-Specific, Male-Line Transgenerational Responses in Humans." *European Journal of Human Genetics* 14 (2006): 159–166.

Pennisi, Elizabeth. "The Case of the Midwife Toad: Fraud or Epigenetics?" *Science* 325 (September 4, 2009): 1194–1195.

Pigliucci, M. *Phenotypic Plasticity: Beyond Nature and Nurture.* Baltimore: Johns Hopkins University Press, 2001.

Platonov, G. "Dogmy starye i dogmy novye." *Oktiabr',* no. 8 (1965): 149–165.

Polianskii, V. I., and Iu. I. Polianskii. *Sovremennye problemy evoliutsionnoi teorii.* Leningrad, USSR: Nauka, 1967.

Popovsky, Mark. *The Vavilov Affair.* Hamden, CT: Archon Books, 1984.

Pringle, Peter. *The Murder of Nikolai Vavilov: The Story of Stalin's Persecution of One of the Great Scientists of the Twentieth Century.* New York: Simon and Schuster, 2008.

Provine, W. B. *Sewall Wright and Evolutionary Biology.* Cambridge, MA: MIT Press, 1986.

Purvis, O. N. "The Physiological Analysis of Vernalization." In *Encyclopedia of Plant Physiology,* edited by W. H. Ruhland, 16:76–117. Berlin: Springer, 1961.

Pyzhenkov, V. I. *Nikolai Ivanovich Vavilov—botanik, akademik, grazhdanin mira.* Moscow: Samoo-brazovanie, 2009.

Rabkin, Yakov M. *Science between the Superpowers.* New York: Priority Press, 1988.

Rakyan, V. K., J. Preis, et al. "The Marks, Mechanisms and Memory of Epigenetic States in Mammals." Pt. 1. *Biochemical Journal* 356 (2001): 1–10.

Rando, O. J., and K. J. Verstrepen. "Timescales of Genetic and Epigenetic Inheritance." *Cell* 128, no. 4 (2007): 655–668.

Ratliff, Evan. "Taming the Wild." *National Geographic* (March 2011). http://ngm.nationalgeog-wild-animals/ratliff-text.

Reik, W. "Stability and Flexibility of Epigenetic Gene Regulation in Mammalian Development." *Nature* 447, no. 7143 (2007): 425–432.

Reik, W., W. Dean, et al. "Epigenetic Reprogramming in Mammalian Development." *Science* 293 (2001): 1089–1092.

Rheinberger, H.-J. "Gene." *Stanford Encyclopedia of Philosophy.* Stanford, CA: Stanford University Press, 2008. http://plato.stanford.edu.

Rheinberger, H.-J., and Staffan Müller-Wille. *A Cultural History of the Gene.* Chicago: University of Chicago Press, 2012.

Rice, William R., Urban Friberg, and Sergey Gavrilets. "Homosexuality as a Consequence of Epigeneti-cally Canalized Sexual Development." *Quarterly Review of Biology* 87 (December 2012): 343–368.

Richards, E. J. "Inherited Epigenetic Variation—Revisiting Soft Inheritance." *Nature Reviews Genetics* 7, no. 5 (2006): 395–401.

Robertson, K., and A. Wolfe. "DNA Methylation in Health and Disease." *Nature Reviews Genetics* 1 (October 2000): 9–11.

Roll-Hansen, Nils. *The Lysenko Effect: The Politics of Science.* Amherst, NY: Humanity Books, 2005.

Roseboom, Tessa, Susanne de Rooij, and Rebecca Painter. "The Dutch Famine and Its Long-Term Consequences for Adult Health." *Early Human Development* 82 (2006): 485–491.

Rossianov, Kirill. "Editing Nature: Joseph Stalin and the 'New' Soviet Biology." *Isis* 84 (1993): 728–745.

————. "Stalin kak redaktor Lysenko." *Voprosy filosofii,* no. 2 (1993): 56–69.

Rukhkian, A. A. "Ob opisannom S. K. Karapetianom sluchae porozhdeniia leshchiny grabom." *Botanicheskii zhurnal* 38, no. 6 (1953): 885–891.

Rul'e, Karl Frantsevich. *Izbrannye biologicheskie proizvedeniia.* Moscow: Izdatel'stvo AN SSSR, 1954.

Santos, F., and W. Dean. "Epigenetic Reprogramming during Early Development in Mammals." *Reproduction* 127, no. 6 (2004): 643–651.

Sapp, Jan. *Beyond the Gene: Cytoplasmic Inheritance and the Struggle for Authority in Genetics.* New York: Oxford University Press, 1987.

Schmalhausen, I. I. *Factors of Evolution: The Theory of Stabilizing Selection.* Philadelphia: Blackiston, 1949.

Schubeler, D. "Epigenomics: Methylation Matters." *Nature* 462, no. 7271 (2009): 296–297.

Schuster, Gernot. "Paul Kammerer: Der Krötenküsser." In *Haltestelle Puchberg am Schneeberg: Porträts berühmter Gäste und Gönner,* edited by Gernot Schuster and Peter Zöchbauer, 202–218. Puchberg, Austria: Verlag Berger, n.d.

Schwartz, James. *In Pursuit of the Gene: From Darwin to DNA.* Cambridge, MA: Harvard University Press, 2008.

Serebrovsky, A. S. "Anthropogenetics and Eugenics in a Socialist Society." In *The Dawn of Human Genetics,* edited by V. V. Babkov, 505–518. Cold Spring Harbor, NY: Cold Spring Harbor Laboratory Press, 2013.

————. "Teoriia nasledstvennosti Morgana i Mendelia i marksisty." *Pod znamenem marksizma,* no. 3 (1926): 98–117.

Seyla, Rena. "Defending Scientific Freedom and Democracy: The Genetics Society of America's Response to Lysenko." *Journal of the History of Biology* 45, no. 1 (2012): 415–442.

Shatskii, A. L. "K voprosu o summe temperatur, kak sel'skokhoziaistvenno-klimaticheskom indekse." *Trudy po sel'skokhoziaistvennoi meteorologii* 21, no. 6 (1930): 261–263.

Sinnott, E. W., L. C. Dunn, and Th. Dobzhansky. *Principles of Genetics.* New York: McGraw-Hill, 1950.

Situation in Biological Science: Proceedings of the Lenin Academy of Agricultural Sciences of the U.S.S.R., July 31–August 7, 1948. Complete stenographic report, New York, 1949. Also in Russian: *O polozhenii v biologicheskoi nauke.* Stenograficheskii otchet sessii vsesoiuznoi akademii sel'sko-khoziaistvennykh nauk imeni V. I. Lenina, 31 iiulia–7 avgusta 1948 g., Moscow, 1948.

Skipper, Magdalena, Alex Eccleston, Noah Gray, Therese Heemels, Nathalie Le Bot, Barbara Marte, and Ursula Weiss. "Presenting the Epigenome Roadmap." *Nature* 518, no. 313 (February 19, 2015). doi: 10.1038/518313a.

Slepkov, Vasilii. "Nasledstvennost' i otbor u cheloveka (Po povodu teoreticheskikh predposylok evgeni-ki)." *Pod znamenem marksizma,* no. 4 (1925): 102–122.

Slotkin, R., and R. Martienssen. "Transposable Elements and the Epigenetic Regulation of the Genome." *Nature Reviews Genetics* 8, no. 4 (2007): 272–285.

Smirnov, E. S. "Novye dannye o nasledstvennom vliianii sredy i sovremennyi lamarkizm." *Vestnik kommu-nisticheskoi akademii* 25 (1928): 197.

———. *Problema nasledovaniia probretennykh priznakov: Kriticheskii obzor literatury.* Moscow: Izda-tel'stvo Komakademii, 1927.

Smirnov, E. S., Iu. M. Vermel', and B. S. Kuzin. *Ocherki po teorii evoliutsii.* Moscow: Krasnaia Nov', 1924.

Smith, Martin. "How Good Is Soviet Science?" *NOVA,* WGBH, 1987. Loren Graham, rapporteur.

Sokolov, B. "Ob organizatsii proizvodstva gibridnykh semian kukuruzy." *Izvestiia,* February 2, 1956, 2.

Sokolov, V. A. "Imprinting in Plants." *Russian Journal of Genetics* 42, no. 9 (2006): 1043–1052.

Sonneborn, T. M. "H. J. Muller, Crusader for Human Betterment." *Science* (November 15, 1968): 772.

———. "Heredity, Environment, and Politics." *Science* 111 (1950): 535.

Soyfer, Valery. *Lysenko and the Tragedy of Soviet Science.* New Brunswick, NJ: Rutgers University Press, 1994.

Spector, T. D. *Identically Different: Why You Can Change Your Genes.* London: Weidenfeld and Nicolson, 2012.

Stebbins, G. L. *Darwin to DNA, Molecules to Humanity.* San Francisco: Freeman, 1982.

Stegemann, Sandra, and Ralph Bock. "Exchange of Genetic Material between Cells in Plant Tissue Grafts." *Science* 324 (May 1, 2009): 649–651.

Stolz, K., P. E. Griffiths, et al. "How Biologists Conceptualize Genes: An Empirical Study." *Studies in the History and Philosophy of Biological and Biomedical Sciences* 35 (2004): 647–673.

Sturtevant, A. H. *A History of Genetics.* Cold Spring Harbor, NY: Cold Spring Harbor Laboratory Press, 2001.

Sukhachev, V. N. "O vnutrividovykh i mezhvidovykh vzaimootnosheniiakh sredi rastenii." *Botanicheskii zhurnal* 38, no. 1 (1953): 57–96.

Sukhachev, V. N., and N. D. Ivanov. "K voprosam vzaimootnoshenii organizmov i teorii estestvennogo ot-bora." *Zhurnal obshchei biologii* 15, no. 4 (July–August 1954): 303–319.

Surani, M. A. H., S. C. Barton, and M. L. Norris. "Development of Reconstituted Mouse Eggs Suggests Imprinting of the Genome during Gametogenesis." *Nature* 308 (April 5, 1984): 548–550.

Susiarjo, Martha, and Marisa S. Bartolomei. "You Are What You Eat, But What about Your DNA? Parental Nutrition Influences the Health of Subsequent Generations through Epigenetic Changes in Germ Cells." *Science* 345 (August 15, 2014): 9–10.

Szyf, M., et al. "Maternal Programming of Steroid Receptor Expression and Phenotype through DNA Methylation in the Rat." *Frontiers in Neuroendocrinology* 26, nos. 3–4 (October–December 2005): 139–162.

Takahashi, K., and S. Yamanaka. "Induction of Pluripotent Stem Cells from Embryonic and Adult Fibroblast Cultures by Defined Factors." *Cell* 126 (August 26, 2006): 663–676.

Targul'ian, O. M., ed. *Spornye voprosy genetiki is selektsii: Raboty IV sessii akademii 19-27 dekabriia 1936 goda.* Moscow and Leningrad: VASKHNIL, 1937.

Taschwer, Klaus. *A Movie That Shaped the History of Biology (a Bit)—On the Soviet-German Silent Movie "Salamandra" from 1928.* Report given at the Max-Planck-Institut für Wissenschaftsgeschichte, June 20, 2012.

———. "The Toad Kisser and the Bear's Lair: The Case of Paul Kammerer's Midwife Toad Revisited." Report given at the Max-Planck-Institut für Wissenschaftsgeschichte, October 8, 2015, 4.2011–6.2012.

Timofeev-Resovskii, N. V. *Istorii, rasskazannye im samim, s pis'mam, fotografiiami i dokumentami.* Moscow: Soglasie, 1998.

Tobi, E. W., L. H. Lumey, et al. "DNA Methylation Differences after Exposure to Prenatal Famine are Common and Timing- and Sex-Specific." *Human Molecular Genetics* 18, no. 21 (2009): 4046–4053.

Todes, Daniel. *Ivan Pavlov: A Russian Life in Science.* New York: Oxford University Press, 2014.

Trut, L. N., I. Z. Plyusnina, and I. N. Oskina. "An Experiment on Fox Domestication and Debatable Issues of Evolution of the Dog." *Russian Journal of Genetics* 40, no. 6 (2004): 644–655.

Urnov, F. D., and A. P. Wolffe. "Above and Within the Genome: Epigenetics Past and Present." *Journal of Mammary Gland Biology and Neoplasia* 6, no. 2 (2001): 153–167.

Vanyushin, B. F. "DNA Methylation and Epigenetics." *Russian Journal of Genetics* 42, no. 9 (2006): 985–997.

Verdin, Eric, and Melanie Ott. "50 Years of Protein Acetylation: From Gene Regulation to Epigenetics, Metabolism, and Beyond." *Nature Reviews Molecular Cell Biology.* doi: 10.1038/nrm3931.

Vert'yanov, S. Iu. "Great Damage." *Obshchaia Biologiia* (2012): 198.

Vladimirskii, A. P. *Peredaiutsia li po nasledstvu priobretennye priznaki?* Moscow-Leningrad: Izdatel'stvo komakademii, 1927.

Vöhringer, Margarete. "Behavioural Research, the Museum Darwinianum and Evolutionism in Early Soviet Russia." *History and Philosophy of the Life Sciences* 31 (2009): 279–294.

Volotskoi, M. V. *Fizicheskaia kul'tura s tochki zreniia evgeniki.* Moscow: Izdatel'stvo instituta fizicheskoi kul'tury imeni P. F. Lesgafta, 1924.

————. *Klassovye interesy i sovremennaia evgenika*. Moscow: Zhizn' i znanie, 1925.

Vorontsov, N. "Zhizn' toropit: Nuzhny sovremennye posobiia po biologii." *Komsomol'skaia Pravda*, November 11, 1964, 2.

Vucinich, Alexander. *Empire of Knowledge: The Academy of Sciences of the USSR, 1917–1970*. Berkeley: University of California Press, 1984.

Waddington, C. H. *The Evolution of an Evolutionist*. Edinburgh: Edinburgh University Press, 1975.

————. *New Patterns in Genetics and Development*. New York: Columbia University Press, 1968.

Wagner, Günther. "Paul Kammerer's Midwife Toads: About the Reliability of Experiments and Our Ability to Make Sense of Them." *Journal of Experimental Zoology* 312B (2009): 665–666.

Wang, Jessica. *American Scientists in an Age of Anxiety: Scientists, Anticommunism, and the Cold War*. Chapel Hill: University of North Carolina Press, 1999.

Weaver, I. C. G., N. Cervoni, F. A. Champagne, A. C. D'Alessio, S. Sharma, J. R. Seckl, S. Dymov, M. Szyf, and M. J. Meaney. "Epigenetic Programming by Maternal Behavior." *Nature Neuroscience* 7, no. 8 (August 2004): 847–854.

Weiner, Douglas. *A Little Corner of Freedom: Russian Nature Protection from Stalin to Gorbachev*. Berkeley: University of California Press, 1999.

————. "The Roots of 'Michurinism': Transformist Biology and Acclimatization as Currents in the Russian Life Sciences." *Annals of Science* 42, no. 3 (1985): 243–260.

Weissmann, Gerald. "The Midwife Toad and Alma Mahler: Epigenetics or a Matter of Deception?" *FASEB Journal* 24 (August 2010): 2591–2595.

Whitelaw, Emma. "Epigenetics: Sins of the Fathers, and Their Fathers." *European Journal of Human Genetics* 14 (2006): 131–132.

Winther, R. G. "August Weismann on Germ-Plasm Variation." *Journal of the History of Biology* 34 (2001): 517–555.

Wolfe, Audra Jayne. "What It Means to Go Public: The American Response to Lysenkoism, Reconsidered." *Historical Studies in the Natural Sciences* 40 (2010): 48–78.

Wright, Sewall. "Dogma or Opportunism?" *Bulletin of the Atomic Scientists* (May 1949): 141–142.

Wu, C. T., and J. R. Morris. "Genes, Genetics, and Epigenetics: A Correspondence." *Science* 293, no. 5532 (2001): 1103–1105.

Yool, A., and W. J. Edmunds. "Epigenetic Inheritance and Prions." *Journal of Evolutionary Biology* 11, no. 2 (1998): 241–242.

Young, Emma. "Rewriting Darwin: The New Non-Genetic Inheritance." *New Scientist* (July 9, 2008): 28–33.

Youngblood, Denise J. "Entertainment or Enlightenment? Popular Cinema in Soviet Society, 1921–1931." In *New Directions in Soviet History*, edited by Stephen White, 41–50. Cambridge: Cambridge University Press, 2002.

Youngson, N. A., and E. Whitelaw. "Transgenerational Epigenetic Effects." *Annual Review of Genomics and Human Genetics* 9, no. 1 (2008): 233–257.

Zavadovskii, B. M. *Darvinizm i marksizm.* Moscow: Gosudarstvennoe izdatel'stvo, 1926.

Zhivotovskii, L. A. "A Model of the Early Evolution of Soma-to-Germline Feedback." *Journal of Theoretical Biology* 216, no. 1 (2002): 51–57.

Zhivotovskii, Lev. *Neizvestnyi Lysenko.* Moscow: T-vo nauchnykh izdanii KMK, 2014.

Zimmermann, W. *Vererbung erzwungener Eigenschaften und Auslese.* Jena, Germany: Verlag von Gustav Fischer, 1938.

Zirkle, Conway. "The Early History of the Idea of the Inheritance of Acquired Characters and of Pangenesis." *Transactions of the American Philosophical Society,* n.s., 35, pt. 2 (1946): 91–151.

———. "Further Notes on Pangenesis and the Inheritance of Acquired Characteristics." *American Naturalist* 70, no. 731 (1936): 529–546.

———. "The Inheritance of Acquired Characteristics and the Provisional Hypothesis of Pangenesis." *American Naturalist* 69, no. 724 (1935): 417–415.

리센코의 망령

소비에트 유전학의 굴곡진 역사

초판 1쇄 찍은날 2021년 10월 19일
초판 1쇄 펴낸날 2021년 10월 29일
지은이   로렌 그레이엄
옮긴이   이종식
펴낸이   한성봉
편집   하명성·신종우·최창문·이종석·조연주·이동현·김학제·신소윤
콘텐츠제작   안상준
디자인   정명희
마케팅   박신용·오주형·강은혜·박민지
경영지원   국지연·강지선
펴낸곳   도서출판 동아시아
등록   1998년 3월 5일 제1998-000243호
주소   서울시 중구 퇴계로30길 15-8 필동1가 26 2층
페이스북   www.facebook.com/dongasiabooks
인스타그램   www.instagram.com/dongasiabook
블로그   blog.naver.com/dongasiabook
전자우편   dongasiabook@naver.com
전화   02) 757-9724, 5
팩스   02) 757-9726

ISBN 978-89-6262-394-9   03470

만든 사람들

편집   하명성
크로스교열   안상준
본문 디자인 김경주